营区供配电技术

主 编 曹 曼 任晓琨

北京航空航天大学出版社

内 容 简 介

本教材针对现职军士培训的特点，以提高学生综合应用能力为目标，本着"淡化理论，够用为度，培养技能，重在应用"的原则而编写。本书以项目为单元、以应用为主线，将理论知识融入实践项目中。全书共 5 个大项目、19 个小任务，包括供配电系统认知、供配电一次系统、供配电系统的运行维护及电气安全、供配电系统继电保护与自动装置和供配电系统实训。项目任务的完成，可使军士掌握营区供配电系统结构、运行、维护等方面的基本知识和技能，为其在营区和野战条件下从事电力保障工作奠定基础。

图书在版编目(CIP)数据

营区供配电技术 / 曹曼，任晓琨主编. -- 北京 ：
北京航空航天大学出版社,2023.9
ISBN 978 - 7 - 5124 - 4196 - 5

Ⅰ. ①营… Ⅱ. ①曹… ②任… Ⅲ. ①供电系统②配
电系统 Ⅳ. ①TM72

中国国家版本馆 CIP 数据核字(2023)第 183725 号

营区供配电技术

主 编 曹 曼 任晓琨
策划编辑 刘 扬 责任编辑 孙玉杰

*

北京航空航天大学出版社出版发行

北京市海淀区学院路 37 号(邮编 100191) http://www.buaapress.com.cn
发行部电话:(010)82317024 传真:(010)82328026
读者信箱:qdpress@buaacm.com.cn 邮购电话:(010)82316936
北京九州迅驰传媒文化有限公司印装 各地书店经销

*

开本:710×1 000 1/16 印张:11 字数:247 千字
2023 年 9 月第 1 版 2023 年 9 月第 1 次印刷
ISBN 978 - 7 - 5124 - 4196 - 5 定价:59.00 元

编审人员

前　言

现职军士培训要以岗位需求为导向,培养出实际动手能力强、岗位技能水平高,且具有现场实践经验的高等技术应用型人才。营区供配电是中国人民解放军陆军工程大学石家庄校区首开新能源系统应用与运维管理专业现职军士培训的一门核心课程。本教材立足军士人才培养目标,遵循主动适应部队建设需要、突出应用性和针对性、加强实践能力培养的原则,以提高能力为本位,以实际工程任务为导向,按照工学结合的项目化教学模式而编写。它将营区供配电技术与实用技能训练相结合、理论教学与工程实践相结合、传统的供配电技术与变电站综合自动化技术相结合,打破传统学科体系的束缚,紧紧围绕岗位任务选择来组织课程内容,让军士在任务的引领下学习理论知识、在实践活动中掌握理论知识,提升岗位能力。本教材着眼部队新型军事能源建设管理和使用、运维岗位需求,以培养初步具备新型军事能源系统管理、使用、运维工作能力的军士骨干,从而满足部队战备、训练和生活的电力保障需要。此外,它还注重强化职业技能的应用,帮助军士提高自学水平,同时在各个知识点上有机地融入行业运行和管理的规则、规范,在传统供配电技术的基础上,介绍新设备、新技术及其使用方法。

本教材的主要特点:

① 采用项目任务驱动方式。根据工作过程组织任务,每个任务都以某一能力或技能的形成为主线。

② 注重理论教学与工程实践相结合。教材围绕供配电系统运行、维护的主线展开,将岗位培训内容和职业技能鉴定内容融入其中,采用"理实一体"的组织形式,在使用时具有较强的可操作性。

③ 注重内容的先进性和专业术语的标准化。教材中的技术措施、标准规范等均为最新的。

④ 内容深入浅出、通俗易懂,版面设计图文并茂。

全书由曹曼统稿,项目 1 由曹曼、尹志勇编写,项目 2 由刘金宁、郭鑫、王勇编写,项目 3 由安树、王文婷、付佳编写,项目 4 由任晓琨、李兰凯、王召盟编写,项目 5 由曹曼、任晓琨、程兆刚编写。任晓琨、郭鑫负责本教材格式及图表的修改工作,朱长青、邵天章对本教材提出许多宝贵的编写及修改完善意见。

在本教材的编写过程中,编者查阅和参考了众多文献、资料,得到许多教益和启发。本教材的编审人员均为教学骨干,这保证了本教材的编写能够按计划有序地进行,并能确保教材质量。

虽然在主观上力求谨慎从事,但限于时间和编者的学识、经验,疏漏之处仍恐难免,恳请广大读者不吝赐教,以便今后对之进行修正。

编　者

2023 年 7 月

目　　录

项目 1 供配电系统认知

任务 1.1 供配电系统概述

电能是一种十分重要的二次能源,它既可以方便而经济地由其他形式的能量转换而来,又可以简便地转换成其他形式的能量供人们使用。电能的输送和分配既简单经济,又易于控制、管理和调度,还易于实现生产过程自动化。因此,电能已广泛应用到社会生产的各个领域和社会生活的各个方面,已成为现代工业、农业、交通运输、国防科技及人民生活等各方面不可缺少的重要能源。

同样,营区所需要的电能,绝大多数是由公共电力系统供给的。供配电系统是电力系统的重要组成部分。因此,在介绍供配电系统之前,有必要先介绍电力系统的基本知识。

1.1.1 电力系统的基本组成

电能是由发电厂生产的。为了充分利用动力能源、降低发电成本,大容量发电厂多建在燃料、水力资源丰富的地方,而用户是分散的,往往又远离发电厂,因此需要建设较长的输电线路进行输电。为了实现电能的经济传输并满足用电设备对工作电压的要求,需要建设升压变电站和降压变电站进行变电,将电能输送到城市、农村和工矿企业后,还需要利用配电线路向各类用户进行配电。从发电厂到用户的送电过程如图 1-1 所示。

电力系统是由发电厂、变电站、电力线路和用电设备组成的一个发电、变配电、输电和用电的整体。

1. 发电厂

(1) 常规能源发电

发电厂是生产电能的工厂。它把其他形式的能源(如煤炭、石油、天然气、水能、核能、风能、太阳能、地热能、潮汐能等)通过发电设备转换为电能。我国以火力发电为主,其次是水力发电。

1) 火力发电

火力发电厂,简称火电站或火电厂,是指用煤、油、天然气等为燃料的发电厂。我国的火力发电厂以燃煤为主。为了提高燃料的效率,现代火力发电厂都将煤块粉碎成煤粉燃烧。煤粉在锅炉的炉膛内充分燃烧,将锅炉内的水烧成高温高压的水蒸气,推动汽

1

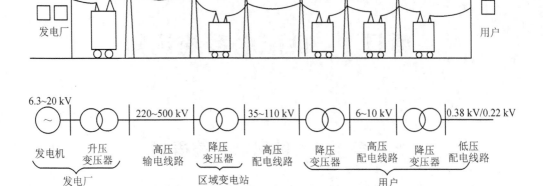

图 1-1 从发电厂到用户的送电过程

轮机转动,带动与它联轴的发电机发电。其能量转换过程是:燃料的化学能转变成热能,热能转变为机械能,再转变为电能。现代火力发电厂一般都考虑了"三废"(废水、废气、废渣)的综合利用,并且不仅发电,而且供热。这类兼供热能的火力发电厂称为热电厂或热电站。

2) 水力发电

水力发电厂,简称水电厂或水电站,是把水的势能和动能转变成电能的发电厂。

当控制水流的闸门打开时,水流沿进水管进入水轮机蜗壳室,冲击水轮机带动发电机发电。其能量转换过程是:水流势能转变成机械能,机械能转变为电能。由于水力发电厂的容量与它所处的上下游水位差及流过水轮机水量的乘积成正比,因此建造水力发电厂必须用人工的方法来提高水位。最常用的方法是在河流上建一个很高的拦河坝,形成水库,提高上游水位,使坝的上下游形成尽可能大的落差,水力发电厂就建在堤坝的后面。这类水力发电厂即为堤坝式水力发电厂。我国一些大型水力发电厂(如三峡水电站)都属于这种类型。三峡水电站建成后,坝高 185 m,水位 175 m,总装机容量为 1.82×10^7 kW,年发电量可达 8.47×10^{10} kW·h,居世界首位。另一种提高水位的方法是在具有一定坡度的弯曲河段上游筑一低坝,拦住河水,然后利用沟渠或隧道将上游水流直接引至建在河段末端的水力发电厂。这类水力发电厂就是引水道式水力发电厂。还有一类水力发电厂是上述两种方式的结合,由高坝和引水渠道分别提高一部分水位。这类水力发电厂称为混合式水力发电厂。

(2) 新能源的形式

新能源又称非常规能源,是指常规能源之外的,刚开始开发利用或正在积极研究、有待推广的各种能源形式。相对于常规能源而言,在不同的历史时期和科技水平下,新能源有不同的内容。目前,新能源通常指核能、太阳能、风能、地热能、潮汐能、波浪能、海流能、生物质能(生物燃油)等。

相对于常规能源,新能源普遍具有污染少、储量大、分布均匀的特点,对于解决当今世界严重的环境污染问题和资源问题,特别是化石能源枯竭的问题具有重要意义。随着石油、煤炭等资源的加速减少，新能源将成为主要能源。

1）核　能

核能是原子核内部结构发生变化而释放出的能量。核能通过以下 3 种核反应释放：

① 核裂变。核裂变能是指通过一些重原子核（如铀-235、铀-238、钚-239 等）的裂变释放出的能量。核燃料在反应堆内发生裂变而产生大量热能，用高压下的水把热能带出，在蒸汽发生器内产生蒸汽，通过蒸汽推动汽轮机带着发电机一起旋转，产生电能。核裂变容易控制和引发，可用于核能发电。

② 核聚变。核聚变能是指由两个或两个以上氢原子核（如氢的同位素——氘）结合成一个较重的原子核，同时发生质量亏损释放出的巨大能量。核聚变目前还不可控，但是多国已经开始对它进行研究，相信在不久的将来可控核聚变将用于发电。

③ 核衰变。它是一种自然的慢得多的裂变形式，因其能量释放缓慢而难以加以利用。

核能利用存在的主要问题：资源利用率低；反应后产生的核废料成为危害生物圈的潜在因素，其最终处理技术尚未完全解决；反应堆的安全性尚需不断研究及改进；核电建设投资费用仍然比常规能源发电高，投资风险较大。

2）太阳能

太阳能一般是指太阳光的辐射能量。太阳能的转换有光热转换、光电转换以及光化学转换 3 种主要方式。广义上的太阳能是地球上许多能量的来源，如风能、化学能、水的势能等都是由太阳能转化成的能量形式。太阳能光伏板组件是一种暴露在阳光下便会产生直流电的发电装置，由几乎全部以半导体材料（例如硅）制成的固体光伏电池组成。因它没有活动的部分，故可以长时间操作而不会导致任何损耗。太阳能光伏板组件可以制成不同形状，而组件又可连接，以产生更多电力。

3）风　能

风能是太阳辐射下空气流动所形成的。风能与其他能源相比具有明显的优势，它蕴藏量大，是水能的 10 倍，分布广泛，永不枯竭，对交通不便、远离主干电网的岛屿及边远地区尤为重要。风力发电是当代人利用风能的最常见形式。自 19 世纪末丹麦研制出风力发电机以来，人们认识到石油等能源会枯竭，才开始重视风能的发展。

4）地热能

地热能是来自地球深处的可再生热能，源自地球的熔融岩浆和放射性物质的衰变。中国地热资源丰富，分布广泛，已有 5 500 处地热点、45 个地热田，地热资源总量约为 3.2×10^6 MW。

2. 变电站

变电站是进行电压变换以及电能接收和分配的场所。根据性质可将变电站分为升压变电站和降压变电站：

① 升压变电站对发电厂发出的电能进行升压处理，便于大功率和远距离传输。

② 降压变电站对电力系统的高电压进行降压处理，以便电气设备的使用。

在降压变电站中,根据用途可将变电站分为枢纽变电站、区域变电站和用户变电站。枢纽变电站对电力系统各部分起到纽带联结作用,负责整个系统中电能的传输和分配;区域变电站将枢纽变电站输送来的电能做一次降压后分配给用户;用户变电站接收区域变电站的电能,将它降压为能满足用电设备电压要求的电能且合理地分配给各用电设备。

只进行电能接收和分配,没有电压变换功能的场所称为配电所。

3. 电力线路

电力线路是进行电能输送的通道,分为输电线路和配电线路两种。输电线路是指将发电厂发出的经升压后的电能输送到邻近负荷中心的枢纽变电站,或连接相邻的枢纽变电站,或将电能由枢纽变电站输送到区域变电站的电力线路,其电压等级一般在220 kV以上;配电线路则是指将经降压后的电能从区域变电站输送到用户的电力线路,其电压等级一般为110 kV及以下。

4. 用电设备

用电设备从电力系统中汲取电能,并将电能转化为机械能、热能、光能等,如电动机、家用电器等。

在电力系统中除发电厂和用电设备以外的部分称为电网。

1.1.2　电力系统运行的特点

1. 电能生产的重要性

由于电能与其他能量之间的转换方便,易于大量生产、集中管理、远距离输送、自动控制,因此电能是国民经济各部门使用的主要能源。电能供应的中断或不足将直接影响国民经济的正常运转。因此,要求系统运行可靠、电能供应充足。

2. 系统暂态过程的快速性

发电机、变压器、电动机等设备和电力线路的投入与退出,以及电力系统的短路等故障都在一瞬间完成,并伴随非常短促的暂态过程的出现。因此,要求系统有一套非常迅速和灵敏的监视、测量、控制和保护装置。

3. 电能"发、输、变、配、用"的同时性

电能的生产、输送、变配和使用几乎是同时进行的,即发电厂在任何时刻生产的电能必须等于该时刻用电设备使用的电能与输送、分配过程中损耗的电能之和。因此,要求系统结构合理,便于运行调度。

1.1.3　供配电系统的基本组成

供配电系统是电力系统的重要组成部分,涉及电力系统电能"发、输、变、配、用"的后两个环节,其运行特点、要求和电力系统基本相同。只是由于供配电系统直接面向用电设备的使用者,因此其供用电的安全性尤显重要。

在供配电系统中,功率流动方向通常是单向的,即从电源端流向用户端。其主要目的是将电力系统中的电能通过降压和一定的分配方式,变换成各用户的用电设备所能使用的电能。目前,供配电系统的电压通常在 220 kV 及以下。

供配电系统主要由一次系统和二次系统组成:

① 系统中用于变换和传输电能的部分称为一次系统,其设备称为一次设备(如变压器、发电机、互感器、避雷器、无功补偿装置等),由这些设备组合起来的电路称为主回路。只具有一次系统的供配电系统可以进行电能的接收、变换和分配,但不能进行监测以了解运行情况,更不能对供配电系统进行保护(即自动发现并排除故障)和控制。

② 系统中用于监测运行参数(电流、电压、功率等)、保护一次设备、自动进行开关投切操作的部分称为二次系统,其设备称为二次设备(如测量仪表、保护装置、自动装置、开关控制装置、操作电源、控制电源等),由这些设备组合起来的电路称为二次回路。二次回路配合主回路工作,从而构成一个完整的供配电系统。

1.1.4　供配电系统的供电质量

供配电系统的供电质量包括供电可靠性和电能质量两方面。电能质量是指频率、电压和波形的质量。衡量电能质量的主要指标有频率偏差、电压偏差、电压波动和闪变、高次谐波(电压波形畸变)及三相电压不平衡度等。对于供配电系统来说,提高供电质量主要是提高供电可靠性和电能质量。

1. 供电可靠性

供电可靠性是衡量供电质量的一个重要指标,被列在供电质量指标的首位。供电可靠性可用供电企业对用户全年实际供电小时数与全年总小时数的百分比来衡量。如全年时间为 8 760 h,用户全年平均停电时间为 87.6 h,即停电时间占全年时间的 1%,则供电可靠性为 99%。供电可靠性也可用全年的停电次数及停电持续时间来衡量。原中华人民共和国电力工业部 1996 年施行的《供电营业规则》规定:"供电企业应不断改善供电可靠性,减少设备检修和电力系统事故对用户的停电次数及每次停电持续时间。供用电设备计划检修应做到统一安排。供用电设备计划检修时,对 35 千伏及以上电压供电的用户的停电次数,每年不应超过一次;对 10 千伏供电的用户,每年不应超过三次。"

2. 电能质量

(1) 频　率

我国采用的工业频率(简称工频)为 50 Hz。频率的偏差会严重影响用户的正常工作。当电网频率偏低时,用户的电动机转速都将降低,从而使企业的产品质量和产量受到影响。对于某些对转速要求较严格的控制过程,频率的偏差引起转速的变化,导致废品产生。频率偏差还可能导致电子设备不能正常工作。

频率的调整主要依靠发电厂调节发电机的转速来实现。国家标准《电能质量 电力系统频率偏差》(GB/T 15945—2008)规定:"电力系统正常运行条件下频率偏差限值为±0.2 Hz。当系统容量较小时,偏差限值可以放宽到±0.5 Hz。"

(2) 电 压

1) 额定电压

从设备制造角度考虑,为保证产品生产的标准化和系列化,不应任意确定电网电压,而且规定的额定电压等级过多也不利于电力设备制造和运行行业的发展。国家标准规定的三相交流电网和电气设备的额定电压见表1-1所列。

表1-1 国家标准规定的三相交流电网和电气设备的额定电压

分 类	电网和用电设备额定电压/kV	发电机额定电压/kV	电力变压器额定电压/kV	
			一次绕组	二次绕组
低 压	0.22	0.23	0.22	0.23
	0.38	0.40	0.38	0.40
	0.66	0.69	0.66	0.69
高 压	3	3.15	3.00	3.15
			3.15	3.30
	6	6.30	6.00	6.30
			6.30	6.60
	10	10.50	10.00	10.50
			10.50	11.00
		13.80	13.80	
		15.75	15.75	
		18.00	18.00	
		20.00	20.00	
		22.00	22.00	
		24.00	24.00	
		26.00	26.00	
	35		35.00	38.50
	66		66.00	72.50
	110		110.00	121.00
	220		220.00	242.00
	330		330.00	363.00
	500		500.00	550.00
	750		750.00	825.00
	1 000		1 000.00	1 100.00

用电设备(系统)、发电机和变压器的额定(标称)电压是不一致的。下面分别予以分析:

① 用电设备额定电压(系统标称电压 U_N)：系统标称电压与用电设备额定电压取值一致,使电力线路的实际电压与用电设备要求的额定电压之间的偏差不致太大。

② 发电机额定电压：用电设备一般允许额定电压偏移 $\pm 5\%$,而沿电力线路的电压降一般要求不低于 10%,于是电力线路首端电压应为用电设备额定电压的 1.05 倍,以使其末端电压不低于用电设备额定电压的 95%。由于发电机接于电力线路首端,因此发电机额定电压取为系统标称电压的 1.05 倍。

③ 变压器额定电压：变压器一次侧接收电能,相当于用电设备；二次侧向负载供电,相当于电源。变压器额定一次电压应等于用电设备额定电压,即等于系统标称电压。对于直接和发电机相连的变压器,其额定一次电压应等于发电机额定电压,即等于系统标称电压的 1.05 倍。

变压器额定二次电压为空载时的电压,额定负载下变压器内部的电压降约为 5%。当电力线路较长时,为使正常运行时变压器二次电压较系统标称电压高 5%,以便补偿电力线路的电压损失,变压器额定二次电压应比电力线路额定电压高 10%,即为系统标称电压的 1.10 倍；当变压器二次侧与用电设备间的电气距离很近时,其额定二次电压取为系统标称电压的 1.05 倍。

④ 系统平均额定电压 U_{av}：由于整个系统的电压等级有多个,因此在进行某些系统运行参数计算的时候会涉及电压等级归算的问题。而一条电力线路上的首末端电压是不相同的,这就导致归算时的计算很麻烦。为简化计算,对每一个电压等级的系统标称电压都规定一个对应的平均额定电压,并认为电力线路上任何一点的电压都是系统平均额定电压,这样造成的误差是可以接受的。对于一段电力线路,其末端的电压与用电设备额定电压相同；考虑变压器和线路损耗,电力线路首端供电设备的额定电压应为 $1.1U_N$。将电力线路的平均额定电压规定为电力线路首末端供用电设备的额定电压的平均值,即

$$U_{av} = 1.05U_N$$

2) 供配电电压的选择

在三相交流系统中,其视在功率 S 和线电压 U、线电流 I 之间的关系为

$$S = \sqrt{3}UI$$

当输送功率一定时,电压越高,电流越小,电力线路、电气设备等的载流部分所需的截面积越小,有色金属投资也就越小；同时,由于电流小,电力线路上的功率损耗和电压损失也较小。另外,电压越高,对绝缘的要求则越高,变压器、开关等设备以及电力线路的绝缘投资也就越大。综合考虑这些因素,对应一定的输送功率和输送距离就有一个最为经济、合理的线路电压。各级电压电力网的经济输送容量与输送距离的参考值,见表 1-2 所列。

表 1-2 各级电压电力网的经济输送容量与输送距离

线路电压/kV	线路结构	输送功率/kW	输送距离/km	线路电压/kV	线路结构	输送功率/kW	输送距离/km
0.38	架空线路	≤100	≤0.25	10	电缆线路	≤5 000	≤10
0.38	电缆线路	≤175	≤0.35	35	架空线路	2 000~10 000	20~30
6	架空线路	≤1 000	≤10	66	架空线路	3 500~30 000	30~100
6	电缆线路	≤3 000	≤8	110	架空线路	10 000~50 000	50~150
10	架空线路	≤2 000	6~20	220	架空线路	10 000~500 000	100~300

3）电压偏差

电压质量对各种用电设备的工作性能、使用寿命、安全及经济运行都有直接影响。因为所有电气设备都有额定电压，只有在额定电压下运行才能获得最佳的经济效果，所以如果电压出现偏差，则会对电气设备的安全、经济运行产生直接的影响。例如对于白炽灯，当电压低于额定电压时，其发光效率急剧下降；而当电压偏高时，其使用寿命又大为缩短。对异步电动机而言，电压降低会导致转矩急剧减小，使电动机转速下降，甚至停转，从而产生废品，同时使电流增大，电动机温度上升，严重时会烧坏电动机，甚至引起重大事故；而电压偏高会使电动机铁芯的磁通密度增大而饱和，从而使激励电流增大，铁耗增大，导致电动机过热，效率降低，绕组绝缘受损。

根据国家标准《电能质量 供电电压偏差》（GB/T 12325—2008），在电力系统正常情况下，供电电压偏差的限值为：

① 35 kV 及以上供电电压正、负偏差绝对值之和不超过额定电压的 10%。

② 20 kV 及以下三相供电电压偏差为标称电压的 ±7%。

③ 220 V 单相供电电压偏差为标称电压的 +7%、−10%。

(3) 波 形

通常要求电力系统的供电电压（或电流）的波形为正弦波。但是在使用中常常存在大量的非线性供用电设备，使得电压波形偏离正弦波，即正弦波发生畸变。因此，在运行中必须严格执行有关规程，注意对出现的异常情况采取相应的措施加以消除，以保证电能波形的质量。

任务 1.2 供配电工作的意义与要求

营区供配电系统是指营区所需要的电能从进入营区到被分配给所有用电设备的整个电路组成。其功能是保持营区内各区域不间断供电，为部队的日常训练等提供安全可靠的电力保障。军士熟练掌握供配电技术，可为营区供配电系统的使用维护、运行管理、升级改造，以及工程施工、作战指挥、装备操作、安全警戒和后勤保障等提供强有力的技术支持。因此，做好供配电工作对于保证营区正常运转，进而推进国防和军队现代化具有十分重要的意义。

供配电工作要很好地为国防和国民经济服务,切实保证国防和国民经济的需要。切实搞好安全用电、节约用电、计划用电(合称"三电")工作,必须达到下列基本要求:

① 安全——在电力的供应、分配和使用中,不应发生人身事故和设备事故。

② 可靠——应满足用户对供电可靠性(即连续供电)的要求。

③ 优质——应满足用户对电压质量和频率质量等方面的要求。

④ 经济——应使供配电系统的投资少,运行费用低,并尽可能地节约电能和减少有色金属消耗量。

此外,在供配电工作中应合理地处理局部与全局、当前与长远的关系,既要照顾局部的、当前的利益,又要有全局观念,能顾全大局,适应发展。例如,对于计划用电,不能只考虑局部利益,要有全局观念,要服从公共电网的统一调度。

项目 2   供配电一次系统

任务 2.1   供配电系统常用电气设备

供配电一次系统是指输送和分配电能的系统或电力线路,按它所承载电能类型的不同可分为高压供配电线路和低压供配电线路两种。通常将 1 kV 以上的供配电线路称为高压供配电线路,将 380 V/220 V 的供配电线路称为低压供配电线路。

通常情况下,供配电线路(见图 2-1)的连接关系比较简单,线路中电压或电流传输的方向也比较单一,基本上都是按照顺序关系从上到下或从左到右进行传输,且其大部分组成元器件只是简单地实现接通与断开两种状态,没有复杂的变换、控制和信号处理线路。

在供配电线路中不同图形符号代表不同的组成部件和元器件,它们之间的连接线体现出其连接关系。当线路中的开关类器件断开时,其后级所有线路无供电;当逐一闭合各开关类器件时,电源逐级向后级线路传输,经后级不同的分支线路完成对前级线路的分配。

高压供配电线路是由各种高压供配电元器件和设备组合连接而成的,主要由电源输入端(WL)、电力变压器(T)、电压互感器(TV)、电流互感器(TA)、高压隔离开关(QS)、高压断路器(QF)、高压熔断器(FU)以及避雷器(F),经电缆和母线(WB)构成。电气工作人员必须能对这些设备进行操作与维护。本节主要介绍供配电系统常用电气设备的结构和原理,为电气工作人员从事供配电系统运行、维护打下基础。

2.1.1   变压器

1. 变压器的作用

变压器是发电厂和变电站的主要设备之一。变压器不仅能升高电压把电能送到用电地区,还能把电压降低为各级使用电压,以满足用电的需要。总之,升压与降压都必须由变压器来完成。电力变压器用"T"表示。

2. 变压器的分类

变压器的分类方式:按相数分为三相变压器和单相变压器;按绕组分为双绕组变压器、三绕组变压器和自耦变压器;按调压方式分为无载调压变压器和有载调压变压器;按绕组材质分为铜绕组变压器和铝绕组变压器;按绝缘及冷却方式分为油浸式变压

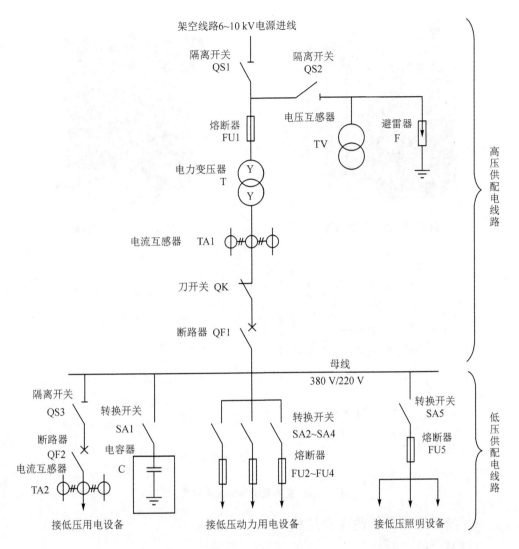

图 2-1 供配电线路

器、干式变压器和充气式变压器(如六氟化硫(SF$_6$)变压器);按用途分为普通型变压器、全封闭型变压器和防雷型变压器;按容量系列分为 R8 系列变压器(容量等级按 1.33 倍递增)和 R10 系列变压器(容量等级按 1.26 倍递增)。油浸式变压器如图 2-2 所示,干式变压器如图 2-3 所示。

3. 变压器的型号

变压器型号的表示和含义如图 2-4 所示。

例如型号 S9-800/10,其含义是三相铜绕组油浸式变压器,性能水平代号为 9,额定容量为 800 kV·A,高压绕组电压等级为 10 kV。

图 2－2　油浸式变压器

图 2－3　干式变压器

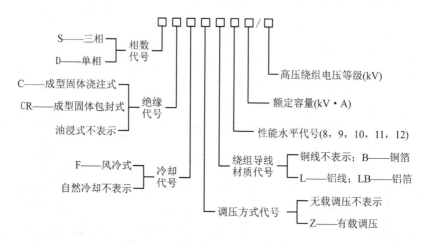

图 2－4　变压器型号的表示和含义

4．油浸式变压器的主要结构

（1）铁　芯

铁芯是变压器的磁路，由硅钢片叠压制成。变压器的一次绕组和二次绕组都绕在铁芯上，因此要求铁芯只有一点接地。

（2）绕　组

绕组是变压器的电路。低压绕组放在靠近铁芯的里面，高压绕组放在外面。

（3）油　箱

油箱是变压器的外壳，箱内充满变压器油，变压器油起绝缘和散热作用。

（4）吸湿器

吸湿器内装有可吸收潮气的硅胶，吸收储油柜上部空气中的水分。硅胶在干燥的时候呈现白色，受潮以后颜色变深。

（5）防爆管

防爆管的作用是释放变压器内部压力。防爆管口用玻璃片密封，当变压器内部发生故障产生气体时,油箱内压力剧增,玻璃片破碎,气体和油从管口喷出,以防止油箱爆炸或变形。

（6）绝缘套管

绝缘套管将变压器引出线与外壳绝缘,起固定引出线的作用。

（7）储油柜

储油柜通过弯管及阀门与变压器的油箱相连,保证变压器油箱内充满油;减少油与空气的接触面积;适应绝缘油在温度升高或降低时体积的变化。

（8）气体（瓦斯）继电器

气体（瓦斯）继电器安装在储油柜与变压器的连管中间,是变压器内部故障的主保护。当变压器内部发生故障产生气体或油箱漏油使油面降低时,气体继电器动作,发出信号;若事故严重,则可使变压器高、低压侧断路器同时跳闸。

（9）分接开关

分接开关安装于变压器顶部,其作用是调整变压器二次电压。分接开关上有若干分接位置（如−5％、0％、5％）,低往低调,高往高调。

三相油浸式电力变压器的结构如图 2-5 所示。

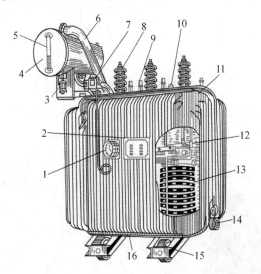

1—温度计；2—铭牌；3—吸湿器；4—储油柜；5—油位指示器（油标）；6—防爆管；
7—气体继电器；8—高压出线套管和接线端子；9—低压出线套管和接线端子；
10—分接开关；11—油箱及散热油管；12—铁芯；13—绕组及绝缘；
14—放油阀；15—小车；16—接地端子。

图 2-5 三相油浸式电力变压器的结构

2.1.2 互感器

互感器是一次系统和二次系统之间的联络元件,可把一次侧的高电压、大电流转换成二次侧的低电压、小电流。

1. 电流互感器

电流互感器的原理类似于升压变压器,可把一次侧的大电流转换成二次侧的小电流。

规定:额定二次电流一般为 5 A。

(1) 电流互感器的分类及型号

电流互感器按一次绕组的匝数可分为单匝式电流互感器和多匝式电流互感器;按用途可分为测量用电流互感器和保护用电流互感器;按绝缘介质可分为油浸式(户外)电流互感器和干式(户内)电流互感器;按准确度等级分类,测量用电流互感器有 0.1,0.2,0.3,1,3,5 级,保护用电流互感器有 5P 和 10P 等。

电流互感器型号的表示和含义如图 2-6 所示。

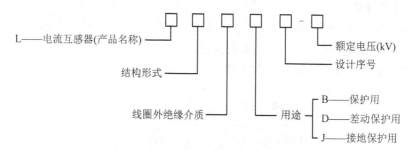

图 2-6 电流互感器型号的表示和含义

例如 LQJ-10 为户内高压电流互感器(见图 2-7),LMZJ1-0.5 为户内低压电流互感器(见图 2-8)。

图 2-7 户内高压电流互感器

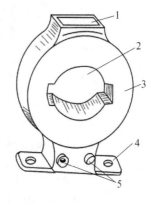

1—铭牌;2——次母线穿孔;3—铁芯;
4—安装板;5—二次接线端子。

图 2-8 户内低压电流互感器

(2) 电流互感器使用注意事项

① 当电流互感器工作时,其二次侧不得开路,不允许接入熔断器和开关。

② 电流互感器的二次侧一端必须接地。如果其一、二次绕组间绝缘击穿,则一次侧的高电压窜入二次侧,会给在二次侧工作的人员造成伤害。因此,二次侧一端必须接地,以保证人身安全。

③ 当连接电流互感器时,要注意其端子的极性。若极性接错,则二次侧所接仪表、继电器中流过的电流就不是预想的电流,影响准确测量,甚至引起事故。电流互感器的一次绕组端子标以 L1、L2,二次绕组端子标以 S1、S2,L1 与 S1 为同名端,L2 与 S2 为同名端。如果一次电流从 L1 进,则二次电流从 S1 出。

(3) 电流互感器的事故处理

当出现故障现象(如电流互感器二次侧开路、电流保护动作不正确、电流表指示为零、铁芯发出"嗡嗡"的异响、二次电压峰值很高、二次绕组的端子处出现放电火花等)时,将一次电流(即电路负荷)减小或降至零,将电流互感器所带的保护退出运行,短接故障电流互感器的二次端子。

如果电流互感器有焦臭气味或出现冒烟等情况,则应立即停用电流互感器。

2. 电压互感器

电压互感器的原理类似于降压变压器,其一次绕组匝数很多,而二次绕组匝数较少,可把一次侧的大电压转换成二次侧的小电压。当工作时,一次绕组并联在主回路中,而二次绕组并联仪表、继电器的电压线圈。由于这些电压线圈的阻抗很大,因此当电压互感器工作时二次绕组接近于空载状态。

规定:额定二次电压一般为 100 V。

(1) 电压互感器的分类及型号

电压互感器按相数分为单相和三相两类;按绝缘及其冷却方式分为干式(含环氧树脂浇注式)和油浸式两类,分别如图 2-9、图 2-10 所示。

图 2-9 干式电压互感器

图 2-10 油浸式电压互感器

电压互感器型号的表示和含义如图 2-11 所示。

(2) 电压互感器使用注意事项

① 电压互感器二次侧不得短路。由于当电压互感器短路时,二次侧会产生很大的

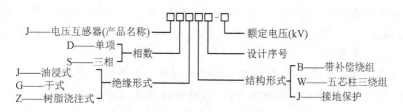

图 2-11 电压互感器型号的表示和含义

短路电流,因此一、二次侧必须装设熔断器,其额定电流一般为 0.5 A。

② 电压互感器二次侧一端必须接地,以防止当绝缘击穿时,一次侧高压窜入二次侧危及人身安全。

③ 电压互感器连接端子极性要正确。电压互感器连接端子极性错误会影响准确测量,引起保护装置的误动作。

电压互感器同名端的标注:单相电压互感器的一次绕组端子标以 A、X,二次绕组端子标以 a、x,A 与 a、X 与 x 各为对应的同名端;三相电压互感器的一次绕组端子标以 A、X、B、Y、C、Z,二次绕组端子标以 a、x、b、y、c、z,端子 A 与 a、B 与 b、C 与 c、X 与 x、Y 与 y、Z 与 z 各为对应的同名端。

2.1.3 高压开关电器

1. 高压隔离开关

高压隔离开关没有灭弧装置,既不能通断负荷电流也不能切断短路电流,但可用来通断小电流(励磁电流不超过 2 A 的空载变压器、电容电流不超过 5 A 的空载线路以及电压互感器和避雷器电路等)。高压隔离开关的结构如图 2-12 所示。

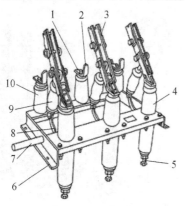

1—上接线端子;2—静触头;3—闸刀;
4—套管绝缘子;5—下接线端子;
6—框架;7—转轴;8—拐臂;
9—升降绝缘子;10—支柱绝缘子。

(a) 户内高压隔离开关

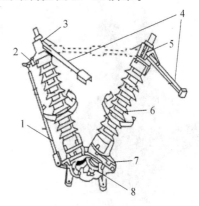

1—接地闸刀;2—接地静触头;
3—出线座;4—主闸刀;
5—导电带;6—绝缘子;
7—轴承座;8—伞齿轮。

(b) 户外高压隔离开关

图 2-12 高压隔离开关

高压隔离开关主要用于隔离电源,保证线路有明显的断开点。

(1) 高压隔离开关的操作

1) 合上高压隔离开关

① 无论是用手动传动装置还是用绝缘操作杆操作,均须迅速而果断,但当合闸终了时用力不可过猛,以免损坏设备导致机构变形、瓷瓶破裂等。

② 在高压隔离开关的操作完毕后,应检查它是否合上,并检查接触的严密性。合好后的高压隔离开关应完全进入固定触头。

2) 拉开高压隔离开关

① 一开始应慢而谨慎,当刀片刚要离开固定触头时应迅速,特别是当切断变压器的空载电流、架空线路和电缆的充电电流、架空线路小负荷电流以及环路电流时,拉开高压隔离开关更应迅速果断,以便能迅速消弧。

② 在拉开高压隔离开关后,应检查高压隔离开关每相确实已在断开位置并应使刀片尽量拉到头。

3) 误合、误拉高压隔离开关

① 当误合高压隔离开关时,即使合错,甚至当合闸时发生电弧,也不允许将高压隔离开关再拉开。因为带负荷拉开高压隔离开关将造成三相弧光短路事故。

② 当误拉高压隔离开关时,刀片刚离开固定触头便发生电弧,这时应立即合上,这样可以消灭电弧,避免事故。如果高压隔离开关已经全部被拉开,则绝不允许将误拉的高压隔离开关再合上。

如果是单极高压隔离开关,操作一相后发现误拉,则不允许对其他两相继续进行操作。

(2) 高压隔离开关的运行和维护

1) 高压隔离开关的运行

① 对于高压隔离开关,应与配电装置同时进行正常巡视。

② 检查高压隔离开关接触部分的温度是否过热。

③ 检查绝缘子有无破损、裂纹及放电痕迹,绝缘子在胶合处有无脱落迹象。

2) 高压隔离开关的维护

① 清扫瓷件表面的尘土,检查瓷件表面是否掉釉、破损,有无裂纹和闪络痕迹,绝缘子的铁、瓷接合部位是否牢固。若破损严重,则应进行更换。

② 用汽油擦净刀片、触头或触点上的油污,检查接触表面是否清洁,有无机械损伤、氧化和过热痕迹及扭曲、变形等现象。

③ 检查触头或刀片上的附件是否齐全、有无损坏。

④ 检查连接高压隔离开关和母线、断路器的引线是否牢固,有无过热现象。

⑤ 检查软连接部件有无折损、断股等现象。

⑥ 检查并清扫操作机构和传动部分,并加入适量的润滑油脂。

⑦ 检查传动部分与带电部分的距离是否符合要求,定位器和制动装置是否牢固、动作是否正确。

⑧ 检查高压隔离开关的底座是否良好,接地是否可靠。

(3) 防止高压隔离开关的错误操作的方法

① 在高压隔离开关和断路器之间应装设机械联锁,通常采用连杆机构来保证当断路器处于合闸位置时,高压隔离开关无法分闸。

② 利用断路器操作机构上的辅助触头来控制电磁锁,使电磁锁能锁住高压隔离开关的操作把手,保证断路器在未断开之前,高压隔离开关的操作把手不能操作。

③ 当高压隔离开关与断路器距离较远而采用机械联锁有困难时,可将高压隔离开关的锁用钥匙存放在断路器处或断路器控制开关的操作把手上,只有在断路器分闸后,才能将钥匙取出,打开与之相应的高压隔离开关,避免带负荷拉闸。

④ 在高压隔离开关操作机构处加装接地线的机械联锁装置,在接地线未拆除前,高压隔离开关无法进行合闸操作。当检修时应仔细检查带有接地刀的高压隔离开关,确保主刀片与接地刀的机械联锁装置良好,当主刀片闭合时接地刀应先打开。

2. 高压负荷开关

高压负荷开关具有简单的灭弧装置,只能通断负荷电流,不能切断短路电流。若与熔断器串联使用,则可切断短路电流。FN3 - 10RT 高压负荷开关的结构如图 2 - 13 所示。

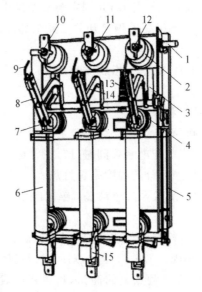

1—主轴;2—上绝缘子兼气缸;3—连杆;4—下绝缘子;5—框架;6—熔断器;

7—下触座;8—闸刀;9—弧动触头;10—绝缘喷嘴(内有弧静触头);

11—主静触头;12—上触座;13—断路弹簧;14—绝缘拉杆;15—热脱扣器。

图 2 - 13 FN3 - 10RT 高压负荷开关的结构

高压负荷开关的作用是正常情况下控制电路通断,并有明显的断开点。

3. 高压断路器

高压断路器具有完善的灭弧装置,既能通断负荷电流,又能与保护装置配合自动、快速地切断短路电流。

高压断路器(见图 2 - 14)按其灭弧介质分为六氟化硫(SF$_6$)断路器和真空断路器等。

(a) 六氟化硫断路器　　　　　　　　　　　(b) 真空断路器

图 2 - 14　高压断路器

六氟化硫断路器灭弧能力强,断流容量大,绝缘性能好,检修周期长;可频繁操作,体积小,维护要求严格。六氟化硫本身无毒,但在高温作用下会生成氟化氢等具有强烈腐蚀性的剧毒物,因此,当检修六氟化硫断路器时要注意防毒。

2.1.4　熔断器

熔断器是一种广泛应用的简单而有效的保护电器,起过负荷保护和短路保护的作用。它串联在电路中,当通过的电流大于规定值时,熔体熔化而自动分断电路。

1. 高压熔断器

高压熔断器由熔体(铜、铅等)、熔管及触点组成,其功能是对线路或设备进行短路保护及过负荷保护。

高压熔断器的种类:按限流作用分为限流式和非限流式;按安装位置分为户内型和户外型。高压熔断器型号的表示和含义如图 2 - 15 所示。

(1) RN1 和 RN2 型熔断器

RN1 和 RN2 型熔断器的结构基本相同,都是在瓷熔管内填充石英砂的密闭式熔断器,其外形如图 2 - 16 所示。

RN1 和 RN2 型熔断器的主要组成部分是熔管、熔丝触座、熔断指示器、绝缘子和底座。熔管一般为瓷质管。熔丝由单根或多根镀银的细铜丝并联绕成螺旋状,熔丝上焊有小锡球,锡是低熔点金属,当过负荷时包围铜熔丝的锡球受热首先熔化,铜、锡互相渗透形成熔点较低的铜锡合金,使铜熔丝在较低的温度下熔断,即所谓的"冶金效应"。它使得熔断器能在较小的短路电流或不太大的过负荷电流下动作,提高了保护的灵敏

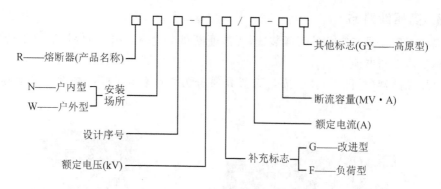

图 2-15　高压熔断器型号的表示和含义

度。熔体采用几根铜丝并联,并且在熔管内填充石英砂,是分别利用粗弧分细灭弧法和狭沟灭弧法来加速电弧熄灭的。由于此类熔断器能在短路电流未达到冲击值之前(即短路后不到半个周期)完全熄灭电弧、切断短路电流,因此属于限流式熔断器。

RN1 和 RN2 型熔断器的应用场合:RN1 型熔断器用于电力线路及变压器的短路保护,额定电流可达 100 A;RN2 型熔断器用于电压互感器一次侧的短路保护,其熔体额定电流一般为 0.5 A。

(2) 跌落式熔断器

跌落式熔断器的种类有 RW4 型和RW10-10(F)型等。RW4 型跌落式熔断器不可直接通断负荷电流;RW10-10(F)型跌落式熔断器具有简单的灭弧室,既能进行短路保护,还可直接带负荷操作。

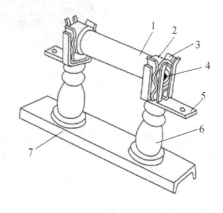

1—瓷熔管;2—金属管帽;3—弹性触座;
4—熔断指示器;5—接线端子;
6—瓷绝缘子;7—底座。

图 2-16　RN1 和 RN2 型熔断器的外形

图 2-17 为 RW4-10 型跌落式熔断器,这种跌落式熔断器串联在电力线路中。当它正常运行时,其熔管上端的动触点借熔丝张力拉紧后,利用钩棒将熔管连同动触点推入上静触点内缩紧,同时下动触点与下静触点也相互压紧,从而使电路接通。当电力线路发生短路时,短路电流使熔丝熔断,形成电弧。纤维质消弧管由于电弧烧灼而分解出大量气体,使管内压力剧增,并沿着管道形成强烈的气流纵向吹弧,使电弧迅速熄灭。熔丝熔断后,熔管的上动触点因失去熔丝的张力而下翻,使锁紧机构释放熔管。在触点弹力及熔管自重的作用下,熔管跌落,造成明显可见的断开间隙。

跌落式熔断器依靠电弧燃烧分解纤维质产生的气体来熄灭电弧,其灭弧能力不强,灭弧速度不快,不能在短路电流达到冲击值之前熄灭电弧,属非限流式熔断器。

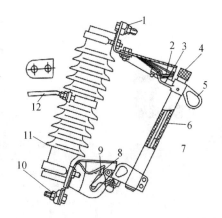

1—上接线端子；2—上静触点；3—上动触点；4—管帽；

5—操作环；6—熔管；7—铜熔丝；8—下动触点；

9—下静触点；10—下接线端子；11—绝缘瓷瓶；12—安装板。

图 2-17　RW4-10 型跌落式熔断器

2. 低压熔断器

低压熔断器主要用于电压配电系统的短路保护，有的也能实现过负荷保护。低压熔断器型号的表示和含义如图 2-18 所示。

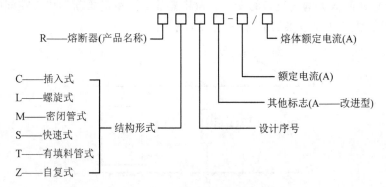

图 2-18　低压熔断器型号的表示和含义

低压熔断器的类型很多，下面以 RL1 型螺旋式熔断器为例介绍供配电系统中常用的国产低压熔断器的结构和原理。

RL1 型螺旋式熔断器如图 2-19 所示，由瓷质螺帽、熔管和底座等组成。上接线端与下接线触点通过螺栓固定在底座上；熔管由瓷质外套管、熔体和石英砂填料密封构成，一端有熔断指示器（多为红色）；瓷质螺帽上有玻璃窗口，放入熔管、旋入底座后即将熔管串联在电路中。由于 RL1 型螺旋式熔断器的各个部分可拆卸，更换熔管十分方便，因此这种熔断器被广泛用于低压供配电系统，特别是中小型电动机的过负荷保护与短路保护中。

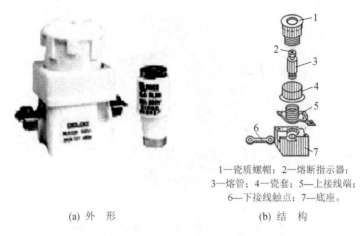

1—瓷质螺帽；2—熔断指示器；
3—熔管；4—瓷套；5—上接线端；
6—下接线触点；7—底座。

(a) 外　形　　　　　　　　　　　　(b) 结　构

图 2 - 19　RL1 型螺旋式熔断器

2.1.5　避雷器

避雷器用来防止变电站或其他电气设备遭受雷击，其种类有阀式避雷器、金属氧化物避雷器、排气式避雷器及角式避雷器。

当正常工作时，避雷器不导电；当雷电波入侵时，避雷器的火花间隙立即被击穿，发生对地放电，从而保护电气设备的安全。避雷器放电结束后重新形成火花间隙，系统恢复正常工作。避雷器的安装位置如图 2 - 20 所示。

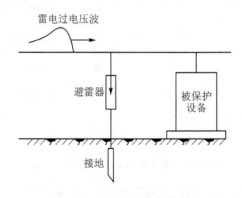

图 2 - 20　避雷器的安装位置

阀式避雷器的外形如图 2 - 21 所示，其内部结构如图 2 - 22 所示。火花间隙和阀片密封在瓷套管内，火花间隙用铜片冲制而成，每对间隙用云母垫圈隔开。阀片用碳化硅制成，具有非线性电阻特性。

避雷器的工作原理：在正常情况下，火花间隙阻断工频电流；在雷电情况下，火花间隙被击穿放电，阀片呈现小电阻，雷电流顺畅泄放；在雷电过后，阀片呈现大电阻，电弧熄灭，火花间隙形成而切断工频续流，电力线路恢复正常运行。

图 2-21　阀式避雷器的外形

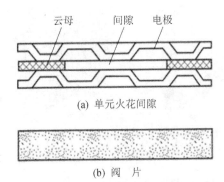

图 2-22　阀式避雷器的内部结构

2.1.6　母　线

母线也称母排或汇流排,是承载电流的一种导体,在开关设备和控制设备中主要用于汇集、分配和传送电能,连接一次设备。

1. 母线材料及型式

(1) 母线材料

常用的母线材料有铜、铝、铝合金、钢。

铜母线电阻率低、抗腐蚀性强、机械强度大,但价格较高,多用在持续工作电流大、位置特别狭窄或污秽、对铝有严重腐蚀而对铜腐蚀较轻的场所。

铝母线电阻率较大,为铜母线的 1.7~2.0 倍,但质量轻,仅为铜母线的 30%,且价格较低。因此,母线一般都采用铝质材料。

铝合金母线有铝锰合金母线和铝镁合金母线两种,形状均为管形。铝锰合金母线载流量大,但强度较差,采用一定的补强措施后可广泛使用。铝镁合金母线机械强度大,但载流量小,其主要缺点是焊接困难,使用范围较小。

钢母线机械强度大、价格低,但电阻率较大,为铜母线的 6~8 倍。当它用于交流输电时,有很大的磁滞和涡流损耗,故钢母线仅适用于工作电流不大于 400 A 的小容量电路。

此外,软母线常用多股钢芯铝绞线,硬母线多用铝排和铜排,管形母线多用铝合金。

(2) 母线型式

常用的母线型式有矩形母线、管形母线和槽形母线等,部分母线型式如图 2-23 所示。

2. 母线的布置方式及相色

(1) 母线的布置方式

母线的布置方式(见图 2-24)对母线的散热条件、载流量和机械强度有很大的影响:

① 水平布置平放。这种布置方式比较稳固,机械强度高,耐短路电流冲击能力强,

| (a) 绝缘输电管道母线 | (b) 管形母线 | (c) 矩形母线 |

图 2-23　部分母线型式

但散热条件差,载流量小。

② 水平布置立放。这种布置方式散热条件好,载流量大,但机械强度不如平放好,耐短路电流冲击能力差。

③ 垂直布置。这种布置方式有水平布置平放和立放的优点,但配电装置高度增加。

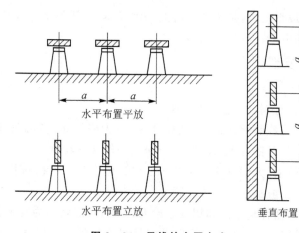

图 2-24　母线的布置方式

(2) 母线相色

母线在安装后应涂油漆,主要是为了便于识别、防锈蚀和美观。母线的油漆颜色应符合以下规定:

① 三相交流母线:A 相为黄色,B 相为绿色,C 相为红色。

② 单相交流母线:从三相母线分支来的应与引出相的颜色相同。

③ 直流母线:正极为红色,负极为蓝色。

④ 直流均衡汇流母线及交流中性汇流母线:不接地者为紫色,接地者为紫色带黑色横条。

2.1.7　成套配电装置

成套配电装置是按一定的线路方案将有关一、二次设备组装为成套设备的产品,供供配电系统做控制、监测和保护之用,其中安装有开关电器、监测仪表、保护和自动装置以及母线、绝缘子等。

1. 高压开关柜

(1) GG-1A(F)-07S 型高压开关柜

GG-1A(F)-07S 型高压开关柜(见图 2-25)具有五防功能:

① 防止误拉、误合断路器。

② 防止带负荷误拉、误合隔离开关。

③ 防止带电误装设接地线,或防止带电误合接地刀闸。

④ 防止带接地线误合隔离开关或断路器。

⑤ 防止人员误入带电间隔。

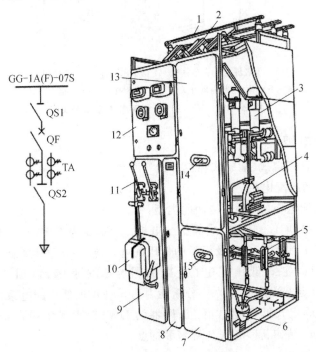

1—母线;2—母线侧隔离开关;3—少油断路器;4—电流互感器;5—线路侧隔离开关;

6—电缆头;7—下检修门;8—端子箱门;9—操作板;10—断路器操作机构;

11—隔离开关操作手柄;12—仪表继电器屏;13—上检修门;14,15—观察窗。

图 2-25 GG-1A(F)-07S 型高压开关柜

(2) GC-10(F)型手车式高压开关柜

GC-10(F)型手车式高压开关柜(见图 2-26)将高压断路器、电压互感器、避雷器及所用变压器等电气设备装设在可以拉出和推入的手车上。当断路器等设备需要检修时,可随时将其手车拉出,然后推入同类备用手车,即可恢复供电。手车式高压开关柜具有检修安全、供电可靠性高等优点,但价格较贵。

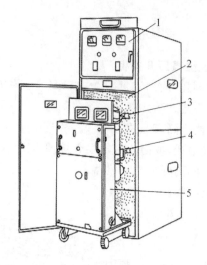

1—仪表屏；2—手车室；3—上触头(兼起隔离开关作用)；
4—下触头(兼起隔离开关作用)；5—SN10-10型断路器手车。

图 2-26　GC-10(F)型手车式高压开关柜

2. 低压配电柜

低压配电柜有固定式、抽屉式和组合式等类型。

(1) 固定式低压配电柜

固定式低压配电柜(见图 2-27)的类型：

① PGL1 型和 PGL2 型固定式低压配电柜：断路器为 DW10 型、DZ10 型等，适用于变压器容量在 1 000 kV·A 及以下的低压配电系统。

② PGL3 型固定式低压配电柜：断路器为 ME 型等，适用于变压器容量在 2 000 kV·A、额定电流达 3 150 A、分断能力达 50 kA 的低压配电系统。

③ GGD 型固定式低压配电柜：断路器为 DW15 型，具有分断能力高、动稳定性好、组合灵活方便、结构新颖和安全可靠等特点。

(a) PGL型　　　　　　　　　　　　(b) GGD型

图 2-27　固定式低压配电柜

(2) 抽屉式低压配电柜

抽屉式低压配电柜(见图 2 - 28)有 BFC 型、GCL 型、GCK 型、GCS 型、GHT1 型等,可用作动力中心和电动机控制中心。

3. 动力和照明配电箱

动力配电箱(见图 2 - 29)主要用于对动力设备配电,也可向照明设备配电。

图 2 - 28　抽屉式低压配电柜　　　　　图 2 - 29　动力配电箱

照明配电箱(见图 2 - 30)主要用于照明配电,也可用于对一些小容量的动力设备和家用电器配电。

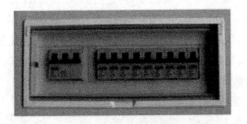

图 2 - 30　照明配电箱

2.1.8　无功补偿装置

电力系统的负载中有大量的感应电动机、电焊机、电弧炉及气体放电灯等感性负载,使得功率因数降低。根据 GB 50052—1995《供配电系统设计规范》和 GB/T 3485—1998《评价企业合理用电技术导则》等,当在采用提高自然功率因数的措施(如充分挖掘设备潜力改善设备运行性能)后仍达不到规定的功率因数要求时,应合理装设无功补偿装置,以人工补偿方式来提高功率因数。

进行无功功率人工补偿的装置主要有同步调相机(又称同步补偿机)和并联电容器。并联电容器又称移相电容器,在供配电系统中应用最为普遍,具有安装简单、运行维护方便、功损耗小以及组装灵活、扩建方便等优点。并联电容器大多采用三角形(△)

接线。绝大多数低压并联电容器是三相的,而且内部已接成三角形。无功补偿装置接线图如图 2 - 31 所示。

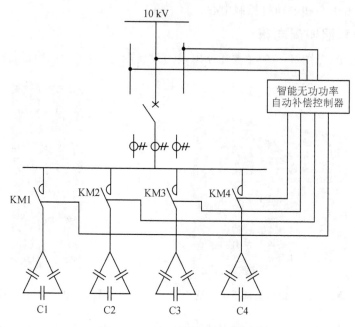

图 2 - 31 无功补偿装置接线图

功率因数的提高与无功功率、视在功率变化的关系如图 2 - 32 所示。假设功率因数由 $\cos \varphi$ 提高到 $\cos \varphi'$,此时在负载需要的有功功率 P_{30} 不变的条件下,无功功率 Q_{30} 减小到 Q'_{30},相应的负荷电流 I_{30} 也得以减小。这将使系统的电能损耗和电压损耗相应降低,既节约电能,又可提高电压质量,而且可选用较小容量的供电设备和导线电缆。因此,提高功率因数对电力系统大有好处。

由图 2 - 32 可知,要使功率因数由 $\cos \varphi$ 提高到 $\cos \varphi'$,必须装设的无功补偿装置(通常采用并联电容器)容量

$$Q_C = Q_{30} - Q'_{30} = P_{30}(\tan \varphi - \tan \varphi')$$

或

$$Q_C = \Delta q_C P_{30}$$

其中,$\Delta q_C = \tan \varphi - \tan \varphi'$,称为无功补偿率,或比补偿容量。无功补偿率表示当有功功率为 1 kW 时,功率因数由 $\cos \varphi$ 提高到 $\cos \varphi'$ 所需要的无功补偿容量值,其单位为 kvar/kW。

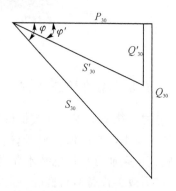

图 2 - 32 功率因数的提高与无功功率、视在功率变化的关系

并联电容器在供配电系统中的装设位置有高压集中补偿、低压集中补偿和分散就地补偿(单独个别补偿)3 种方式。

高压集中补偿是指将并联电容器组集中装设在变电站的 6~10 kV 的母线上。因

为这种补偿方式只能补偿 6～10 kV 母线以前所有电力线路上的无功功率,而此母线后的电力线路的无功功率得不到补偿,所以这种补偿方式的经济效果比低压集中补偿和分散就地补偿方式差。

低压集中补偿是指将并联电容器组集中装设在变电站的低压母线上。这种补偿方式能补偿变电站低压母线以前变压器和前面的高压配电线路及电力系统的无功功率。由于这种补偿方式能使变压器的视在功率减小,从而可使主变压器的容量选得较小,因此它比较经济。而且这种补偿方式的低压电容器柜一般可安装在低压配电室内,运行维护安全方便,因此它相当普遍。

分散就地补偿又称单独个别补偿,是指将并联电容器组装设在需进行无功补偿的各个用电设备旁边。这种补偿方式能够补偿安装部位以前的所有高低压线路和电力变压器的无功功率,因此其补偿范围最大,补偿效果最好,应予以优先采用。但这种补偿方式总的投资较大,且当并联电容器组在被补偿的用电设备停止工作时,它也将一并被切除,因此其利用率较低。

由于当采用高压电容器组进行自动补偿时,对电容器组回路中切换元件的要求较高,且其价格较贵,维护检修比较困难,因此当补偿效果相同或相近时,宜优先选用低压自动补偿装置。

2.1.9 低压电器

根据工作电压的高低,电器可分为高压电器和低压电器。低压电器通常是指工作在交流电压小于 1 200 V、直流电压小于 1 500 V 的电路中起通断、保护、控制或调节作用的元件或设备。低压电器作为基本器件,广泛应用于输配电系统和电力拖动系统中,在工农业生产、交通运输和国防工业中起着极其重要的作用。

1. 刀开关

刀开关又称闸刀开关或隔离开关。由于刀开关在断开后有明显可见的断开间隙,因此它可作隔离开关使用,是手控电器中最简单而使用又较广泛的一种低压电器。刀开关在电路中的作用是隔离电源,以确保电路和设备维修的安全;分断负载,如不频繁地接通和分断容量不大的低压电路或直接起动小容量电机。刀开关是带有动触头——闸刀,并通过它与底座上的静触头——刀夹座相楔合(或分离),以接通(或分断)电路的一种开关。

刀开关主要由操纵手柄、触刀、触头插座和绝缘底板等组成。刀开关的外形如图 2-33 所示。

2. 低压负荷开关

低压负荷开关由带灭弧装置的刀开关与熔断器串联组合而成,外装封闭式铁壳或开启式胶盖,如图 2-34 所

图 2-33　刀开关的外形

示。低压负荷开关具有带灭弧罩的刀开关和熔断器的双重功能,既可带负荷操作,又能进行短路保护,在熔体熔断后,更换熔体即可恢复供电。

(a) 外　形

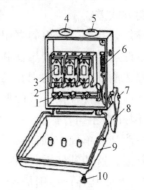

1—动触力;2—静夹座;3—熔断器;
4—进线孔;5—出线孔;6—速断弹簧;
7—转轴;8—手柄;9—罩盖;10—罩盖锁紧螺栓。

(b) 结　构

图 2-34　低压负荷开关的外形和结构

3. 低压断路器

低压断路器又称自动空气开关,简称空开,它控制电器,同时又具有保护电器的功能。当电路中发生过载、失电压等故障时,它能自动切断电路。在正常情况下,低压断路器也可用于不频繁地接通和断开电路或控制电动机。

低压断路器具有完善的触头系统、灭弧系统、传动系统、自动控制系统以及紧凑牢固的整体结构。低压断路器的外形如图 2-35(a)所示。

(a) 低压断路器的外形

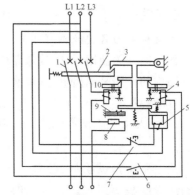

1—主触头;2—跳钩;3—锁扣;4—分励脱扣器;
5—失电压脱扣器;6,7—脱扣按钮;8—加热电阻丝;
9—金属片;10—过电流脱扣器。

(b) 低压断路器的结构

图 2-35　低压断路器的外形和结构

低压断路器的结构如图 2-35(b)所示。当电路上出现短路故障时,其过电流脱扣器动作,使断路器跳闸。如果出现过负荷,则串联在一次线路中的加热电阻丝加热,使双金属片向上弯曲,断路器跳闸。当线路电压严重下降或电压消失时,失电压脱扣器动作,同样使断路器跳闸。如果按下脱扣按钮,使分励脱扣器通电或使失电压脱扣器断电,则可实现断路器远距离跳闸。

低压断路器常见故障现象、原因分析及处理方法见表 2-1 所列。

表 2-1 低压断路器常见故障现象、原因分析及处理方法

故障现象	原因分析	处理方法
手动操作低压断路器不能闭合	失压脱扣器无电压或线圈烧坏	检查线路应正确,可靠接通电源,更换烧坏的线圈
	失压脱扣器衔铁与铁芯之间间隙过大,通电后不吸合	调节机构滑块上的调节螺钉,使间隙小于 1 mm
电动操作低压断路器不能闭合	熔断器烧坏	更换熔断器
	控制线路接错	检查线路,纠正错误
	电磁铁控制箱烧坏	更换控制箱
低压断路器闭合不到位	灭弧罩安装不正,与动触头卡碰	重新安装
	机构滑块摩擦大	加润滑油
分励脱扣器不能分闸	线圈烧坏	更换线圈
	分励脱扣器衔铁卡死	调整衔铁,使之动作灵活

4. 按 钮

按钮是一种手动电器,通常用来接通或断开小电流控制的电路。它不直接控制主回路的通断,而是在控制回路中发出"指令"控制接触器、继电器等电器,再由它们去控制主回路。

按钮一般由按钮帽、复位弹簧、桥式动触头、静触头、支柱连杆及外壳等部分组成。

根据触头结构的不同,按钮可分为常开按钮、常闭按钮,以及将常开按钮和常闭按钮封装在一起的复合按钮等。按钮结构示意和图形符号如图 2-36 所示。

(1) 按钮的工作原理

图 2-36(a)为常开按钮,平时触点分开,当用手指按下它时触点闭合,在松开手指后触点分开,常用作起动按钮。图 2-36(b)为常闭按钮,平时触点闭合,当用手指按下它时触点分开,在松开手指后触点闭合,常用作停止按钮。图 2-36(c)为复合按钮,包含一组动合触点和一组动断触点,当用手指按下它时,动断触点先断开,继而动合触点闭合,在松开手指后,动合触点先断开,继而动断触点闭合。

按钮主要用于操纵接触器、继电器或电气连锁电路,以实现各种运动控制。

(2) 按钮的选用

① 按工作状态指示和工作情况的要求,选择按钮和指示灯的颜色。例如,起动按

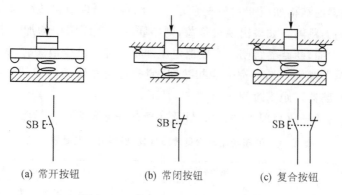

(a) 常开按钮   (b) 常闭按钮   (c) 复合按钮

图 2-36　按钮结构示意和图形符号

钮可选用白、灰或黑色,优先选用白色,也可选用绿色;急停按钮应选用红色;停止按钮可选用黑、灰或白色,优先选用黑色,也可选用红色。

②　按控制回路的需要,确定按钮的触头形式和触点的组数,如选用单联钮、双联钮和三联钮等。

5. 交流接触器

接触器是一种电磁式的自动切换电器,具有灭弧装置,适用于远距离频繁地接通或断开交、直流主回路及大容量的控制回路。其主要控制对象是电动机,也可控制其他负载。

按主触点通过的电流种类,接触器可分为交流接触器和直流接触器两大类。交流接触器的外形如图 2-37 所示。

图 2-37　交流接触器的外形

（1）交流接触器的结构

交流接触器由主触头、动触头、线圈和静铁芯 4 部分组成,如图 2-38 所示。

（2）交流接触器的工作原理

在交流接触器的线圈得电以后,线圈中流过的电流产生磁场将静铁芯磁化,使静铁芯产生足够大的吸力克服恢复弹簧的弹力将衔铁吸合,使它向着静铁芯运动,通过传动机构带动触点系统运动,使所有的动合触点都闭合、动断触点都断开。在吸引线圈失电后,在恢复弹簧的作用下,动铁芯和所有的触点都恢复到原来的状态。

交流接触器适用于远距离频繁接通和切断电机或其他负载主回路,由于具备低电压释放功能,因此它还被当作保护电器使用。

6. 热继电器

热继电器是一种利用流过继电器的电流所产生的热效应而反时限动作的保护电器,主要用于电动机的过载保护、断相保护、电流不平衡运行的保护及其他电气设备发热状态的控制。

热继电器有两相结构、三相结构和三相带断相保护装置 3 种类型,其外形如图 2-39 所示。

(1) 热继电器的结构和工作原理

热继电器主要由双金属片、热元件、动作机构、触点系统和整定调整装置等部分组成,其结构如图 2-40 所示。

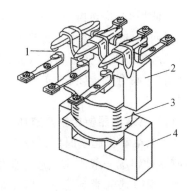

1—主触点;2—动触点;
3—线圈;4—静铁芯。

图 2-38　交流接触器的结构

图 2-39　热继电器的外形

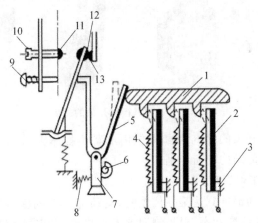

1—导板;2—主双金属片;3—推杆;4—热元件;5—补偿双金属片;6—调节旋钮;
7—支撑件;8—弹簧;9—复位按钮;10—复位调节螺钉;11、13—静触点;12—动触点。

图 2-40　热继电器的结构

当使用时,将热继电器的热元件分别串联在电动机的三相主回路中、动断触点串联在控制回路的接触器线圈回路中。当电动机过载时,流过电阻丝(热元件)的电流增大,电阻丝产生的热量使金属片弯曲,经过一定时间后,弯曲位移增大,因而脱扣,使其动断触点断开、动合触点闭合,于是接触器线圈失电,接触器触点断开,将电源切除起保护作用。

(2)热继电器使用注意事项

① 当电动机起动时间过长或操作次数过于频繁时,会使热继电器误动作或烧坏电器,故这种情况一般不用热继电器作过载保护。

② 当热继电器与其他电器安装在一起时,应将它安装在其他电器的下方,以免其动作特性受到其他电器发热的影响。

③ 热继电器出线端的连接导线应选择合适的。若导线过细,则热继电器可能提前动作;若导线太粗,则热继电器可能滞后动作。

7. 行程开关

行程开关又称限位开关或位置开关,是根据运动部件位置自动切换电路的控制电器。它可以将机械位移信号转换成电信号,常用于位置控制、自动循环控制、定位、限位及终端保护。

(1)行程开关的结构

行程开关有机械式和电子式两种,机械式行程开关又有按钮式和滑轮式两种。机械式行程开关与按钮相同,一般都由一对或多对动合触点、动断触点组成,但不同之处在于按钮是由手指"按"、而行程开关是由机械"撞"来完成动作的。常见行程开关的外形如图 2-41 所示。

图 2-41　常见行程开关的外形

各种系列的行程开关的基本结构大体相同,都由操作头、触头系统和外壳组成。但不同型号的行程开关的结构有所区别。

(2)行程开关的工作原理

当生产机械的运动部件到达某一位置时,运动部件上的撞块碰压行程开关的操作头,使行程开关的触头改变状态,对控制回路发出接通、断开或变换某些控制回路的指令,以达到设定的控制要求。

8. 时间继电器

时间继电器也称延时继电器,是指在加入(或去掉)输入的动作信号后,其输出电路需经过规定的准确时间才产生跳跃式变化(或触点动作)的一种继电器,也是一种利用电磁原理或机械原理实现延时控制的控制电器。时间继电器种类繁多,但目前常用的时间继电器主要有电磁式、电动式、晶体管式及气囊式 4 类,其外形如图 2-42 所示。

(a) 电磁式　　　　(b) 电动式　　　　(c) 晶体管式　　　　(d) 气囊式

图 2-42　常用时间继电器的外形

时间继电器按延时方式可分为通电延时型和断电延时型两种:通电延时型时间继电器在其感测部分接收输入信号后开始延时,一旦延时完毕,就通过执行部分输出信号以操纵控制回路,当输入信号消失时,继电器就立即恢复到动作前的状态(复位);断电延时型时间继电器在其感测部分接收输入信号后,执行部分立即动作,但当输入信号消失后,继电器必须经过一定的延时才能恢复到原来(即动作前)的状态(复位),并且有信号输出。

任务 2.2　供配电系统电气主接线

电气主接线(又称一次接线)是指由各种开关电器、电力变压器、母线、电力电缆或导线、并联电容器、避雷器等电气设备依一定次序相连接的接收和分配电能的电路。电气主接线的确定对供配电系统电气设备的选择、配电装置的布置以及运行的可靠性和经济性有重要的影响。

2.2.1　电气主接线的基本要求

电气主接线是供配电系统电气部分的主体,对系统安全运行、电气设备选择、配电装置布置和电能质量都起着重要的作用。电气主接线的基本要求如下:

① 安全性。符合有关技术规范的要求,能充分保证人身和设备的安全。

② 可靠性。保证在各种运行方式下能够满足负载对供电可靠性的要求。

③ 灵活性。能适应供配电系统所需要的各种运行方式,操作简单,并能适应负荷的变化。

④ 经济性。在满足安全性、可靠性、灵活性的前提下,应力求投资少、运行维护费用低,并为今后发展留有余地。

2.2.2 电气主接线的基本形式

电气主接线通常以单线图的形式表示,仅在个别情况下,如当三相电路中设备不对称时用三线图表示。

电气主接线应以国家标准规定的图形符号和文字符号绘制。为了方便阅读,常在图上标明主要电气设备的型号和技术参数。常用电气设备的文字符号和图形符号见表2-2所列。

表2-2 常用电气设备的文字符号和图形符号

设备名称	文字符号	图形符号	设备名称	文字符号	图形符号
变压器	T	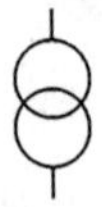	隔离开关	QS	
断路器	QF		熔断器	FU	
负荷开关	Q(QL)		跌落式熔断器	FU	
母线	W(WB)		电抗器	L	
电流互感器	TA		电容器	C	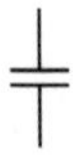
避雷器	F		电动机	M	

电气主接线可分为有母线接线和无母线接线两大类。有母线接线又可分为单母线接线和双母线接线;无母线接线又可分为桥式接线、单元式接线和多角形接线。

中、低压供配电系统中主要采用单母线接线、桥式接线和单元式接线。

1. 单母线接线

(1) 单母线不分段接线

单母线不分段接线如图2-43(a)所示,每路进线和出线中都配置一组开关电器。断路器的作用是切断或接通正常的负荷电流,并能切断短路电流。隔离开关按其作用分为两种:靠近母线侧的称为母线隔离开关,用于隔离母线电源;靠近线路侧的称为线路隔离开关,用于防止当检修断路器时倒送电和雷电过电压沿线路侵入,保证检修人员的安全。

单母线不分段接线的优点是电路简单、使用设备少以及配电装置的建造费用低;缺点是可靠性和灵活性较差。当母线和隔离开关发生故障或检修时,必须断开所有回路的电源,而造成全部用户停电,所以这种接线方式只适用于容量较小和对供电可靠性要求不高的负载。

(2) 单母线分段接线

单母线分段接线(见图 2-43(b))是克服不分段母线存在的工作不可靠、灵活性差的有效方法。单母线分段是根据电源数目、功率和电网的接线情况来确定的。通常每段接一个或两个电源,引出线分别接到各段上,使各段引出线负荷分配与电源功率相平衡,尽量减少各段之间的功率变换。

单母线可用隔离开关分段,也可用断路器分段。由于分段的开关设备不同,因此其作用也有所差别。

① 用隔离开关分段的单母线分段接线:母线检修可分段进行,当母线发生故障时,经过倒闸操作可切除故障段,保证另一段继续运行,故它比单母线不分段接线提高了可靠性。

② 用断路器分段的单母线分段接线:分段断路器除具有分段隔离开关的作用外,与继电保护配合,还能切断负荷电流、故障电流以及实现自动分合闸。另外,当检修故障段母线时,可直接操作分段断路器,且不会引起正常段母线停电,从而保证它继续正常运行。当母线发生故障时,分段断路器的继电保护动作,自动切除故障段母线,从而提高了运行可靠性。

对于单母线分段接线,不管是用隔离开关分段还是用断路器分段,当检修母线或母线发生故障时,都避免不了接在该段母线上的用户停电。

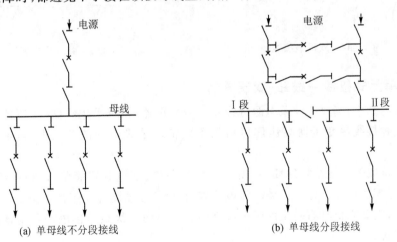

(a) 单母线不分段接线   (b) 单母线分段接线

图 2-43 单母线接线

2．双母线接线

双母线接线(见图2-44)克服了单母线接线的缺点,两条母线互为备用,具有较高可靠性和灵活性。

双母线接线一般用在对供电可靠性要求很高、有重要负载的母线系统。

双母线接线有两种运行方式:一种运行方式是一组母线工作,另一组母线备用(明备用),母联断路器在正常状态下是断开的;另一种运行方式是两组母线同时工作,也互为备用(暗备用),此时母联断路器及母联隔离开关均为闭合状态。

3．桥式接线

对于具有两条电源进线、两台变压器终端的降压变电站,可采用桥式接线。桥式接线的特点是有一条跨接的"桥"。桥式接线要比单母线分段接线简单,它减少了断路器的数量。图2-45所示为桥式接线的一种方式。

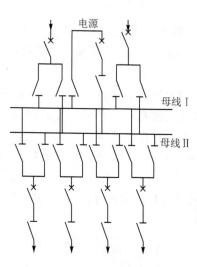

图2-44　双母线接线

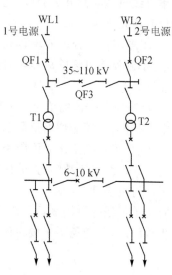

图2-45　桥式接线

4．单元式接线—线路-变压器组

在变电站中,当只有一条电源进线和一台变压器时,可采用线路-变压器组单元式接线。这种接线在变压器高压侧可根据不同情况装设不同的开关电器,如图2-46所示。

这种接线的优点是接线简单、所用电气设备少、配电装置简单、占地面积小、投资省;不足是当该单元中任一设备故障或检修时,全部设备将停止工作。但由于变压器故障率较小,因此它仍具有一定的供电可靠性。这是向三级负荷供电的系统常用的电气主接线形式。

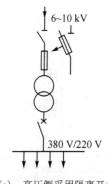
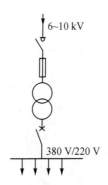
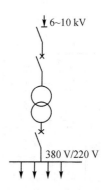

(a)　高压侧采用隔离开关
(另加熔断器)或直接
使用跌落式熔断器

(b)　高压侧采用负荷
开关(另加熔断器)

(c)　高压侧采用隔离
开关(另加断路器)

图 2-46　单元式接线

任务 2.3　低压供配电线路

　　部队日常用电主要是低压电,它由低压供配电线路输送。本节将重点介绍常见的低压供配电线路。

　　交流供配电是最常见的供配电方式之一。交流电(alternating current,AC)一般是指大小和方向随时间做周期性变化的电流和电压,是由交流发电机产生的,如图 2-47 所示。

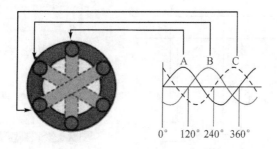

图 2-47　交流电的产生

　　工作、生活中所使用的单相交流电往往是由三相电源分配过来的。供配电系统送来的电源由三根相线(火线)和一根中性线(零线)构成,三根相线两两之间的电压为 380 V,每根相线与中性线之间的电压为 220 V。三相交流电源可以分成三组单相交流电源供用户使用,营房用单相交流电的来源如图 2-48 所示。

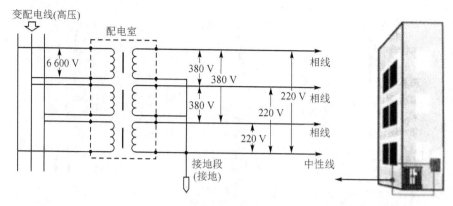

图 2－48　营房用单相交流电的来源

2.3.1　单相交流供配电

单相交流供配电是低压供配电中最常见的一种供配电方式。在单相交流供配电系统中,根据线路接线方式不同,有单相两线制、单相三线制两种供配电方式。

1. 单相两线制供配电方式

单相两线制供配电方式是指供配电线路仅由一根相线(L)和一根中性线(N)构成,通过这两根线获取 220 V 单相电压,为用电设备供电。

一般的营房照明支路和两孔插座多采用单相两线制供配电方式,如图 2－49 所示。

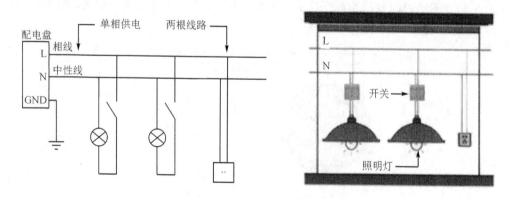

图 2－49　营房照明支路和两孔插座的单相两线制供配电方式

2. 单相三线制供配电方式

单相三线制供配电方式是在单相两线制供电方式的基础上添加一根接地线,即供配电线路由一根相线、一根中性线和一根接地线构成。其中,接地线与相线之间的电压为 220 V,中性线与相线之间的电压也为 220 V。由于不同接地点存在一定的电位差,因此中性线与接地线之间可能有一定的电压。

在生活用电中,插座支路、空调器支路多采用单相三线制供配电方式,如图 2 – 50 所示。

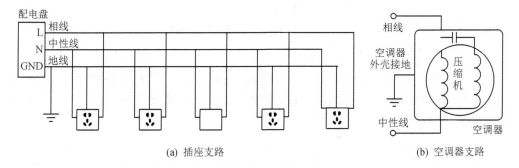

(a) 插座支路　　　　　(b) 空调器支路

图 2 – 50　单相三线制供配电方式

2.3.2　三相交流供配电

三相交流供配电是指采用三相交流电为电源的供配电方式。通常把三相电源线路中的电压和电流统称为三相交流电,它由三根线传输。三根线之间的电压大小相等,均为 380 V;频率相同,均为 50 Hz。

三相交流供配电是大部分电力传输(即供配电系统、工业大功率用电设备)所需要的供配电方式,如图 2 – 51 所示。它是一种由三个频率相同、电动势振幅相等、相位互差120°的交流电源组成的电力系统。

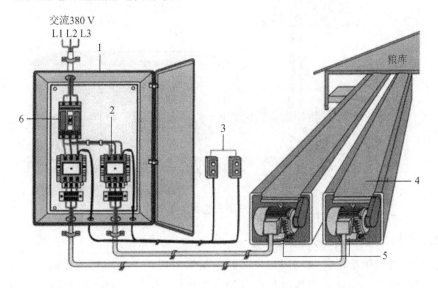

1—控制箱;2—交流接触器;3—控制按钮;

4—传送带;5—三相交流电动机;6—电源总开关。

图 2 – 51　三相交流供配电的应用

在三相交流供配电系统中,根据线路接线方式不同,主要有三相三线制、三相四线制及三相五线制 3 种供配电方式。三相三线制交流电路是指由三根相线组成的交流电路;三相四线制交流电路是指由三根相线和一根中性线组成的交流电路;三相五线制交流电路是指由三根相线、一根中性线和一根接地线组成的交流电路。

1. 三相三线制供配电方式

三相三线制供配电方式是指供配电线路由三根相线构成,每两根相线之间的电压为 380 V,额定电压为 380 V 的电气设备可直接连接在相线上,如图 2-52 所示。这种供配电方式多用在电能的传输系统中。

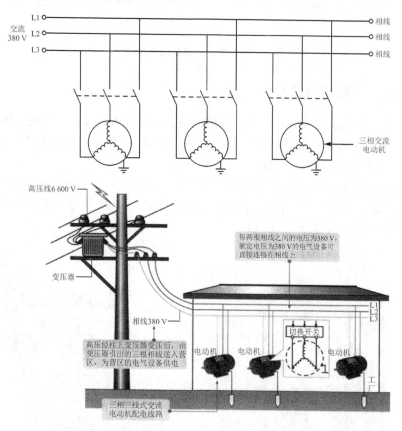

图 2-52　三相三线制供配电方式

2. 三相四线制供配电方式

三相四线制供配电方式与三相三线制供配电方式的不同之处是在供配电系统中多引出一根中性线。当接上中性线的电气设备工作时,电流经过电气设备做功,没有做功的电流经中性线回到发电厂,对电气设备起到保护作用。三相四线式供配电方式常用于 380 V/220 V 低压动力与照明混合供电,如图 2-53 所示。

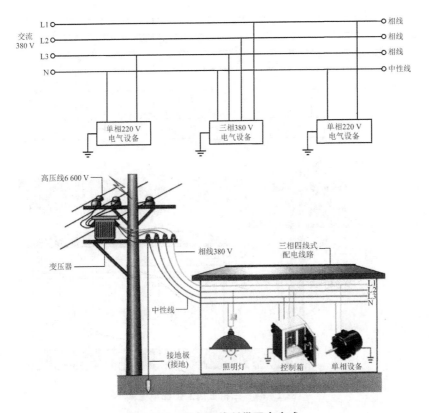

图 2 - 53　三相四线制供配电方式

3. 三相五线制供配电方式

在三相四线制供配电系统中,把中性线的两个作用分开,即一根线作为工作中性线(N),另一根线作为保护零线(PE 或接地线),这样的供电接线方式被称为三相五线制供配电方式,如图 2 - 54 所示。

在三相四线制供配电方式中,单相回路存在较大的安全缺陷。单相两线制供配电方式的最大缺陷是当电气设备的外壳碰触相线时,直接将 220 V 相电压施加给此时正巧触摸电气设备的人,从而发生触电事故。

把接外壳的保护线 PE 和中性线 N 并联为一根是极不安全的,如图 2 - 55(a)所示,建筑物供配电线路的接头松脱、导线断线等,很可能造成 A 点处开路,此时,其中一台设备的开关接通后,在 A 点后面的中性线上将出现相电压,相电压又被设备接地引至所有插入插座的用电设备外壳上,而且其后的设备即使未开启,外壳上也有 220 V 电压,这是十分危险的。在三相五线制供配电方式(见图 2 - 55(b))中,只有当保护线断开,且有一台设备发生相线碰触外壳时才会出现类似情况的事故,极大地降低了事故出现的可能性。

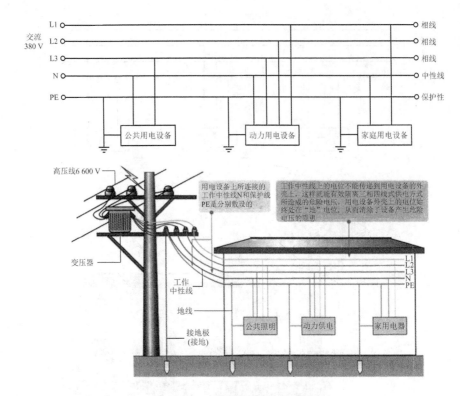

图 2-54 三相五线制供配电方式

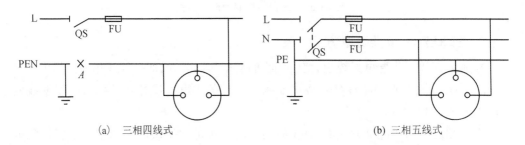

(a) 三相四线式   (b) 三相五线式

图 2-55 三相四线制与三相五线制供电方式中单相回路的安全性比较

若保护线 PE 和中性线 N 并联合为一根,当合用的这根线出现断线时,在断线处后面所有电气设备的外壳或底座无法与大地连接,一旦内部相线出现碰壳情况,则断线处后面的中性线和与它相连的电气设备外壳都将带有等于相电压的对地电压,极易发生触电事故,如图 2-56 所示。

三相五线制供配电方式被称为 TN-S 系统,即我国目前常用的三相五线制系统。在该系统中,所有用电设备的外壳或正常不带电的金属部分通过专门设置的保护线 PE 连接到电源中性点上,如图 2-57 所示。中性线 N 和保护线 PE 是分开的,它们在系统中性点分开后,不能再与任何电气设备连接。

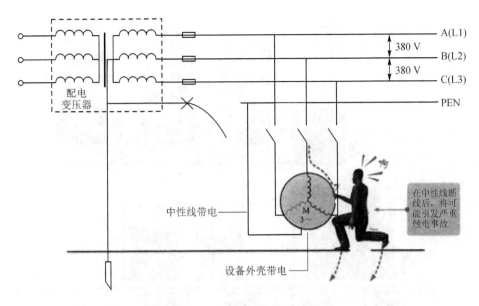

图 2 – 56　不安全的接线方式

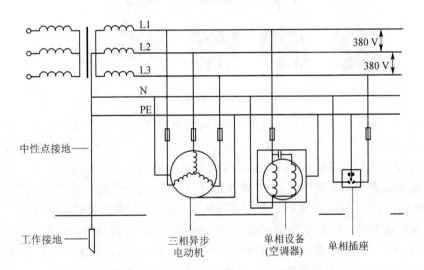

图 2 – 57　三相五线制供配电方式的保护接地

2.3.3　营房供配电线路

1. 室外供配电线路

外部高压干线送来的高压电经总变配电室降压后,由低压干线分配给营区内各楼宇低压支路,再由各低压支路送入低压配电柜,经低压配电柜分配给楼宇内各配电箱,最终为楼宇内各动力设备、照明系统、安防系统等提供电力,满足人们工作、生活的用电需要。图 2 – 58 为典型室外供配电系统结构示意图。

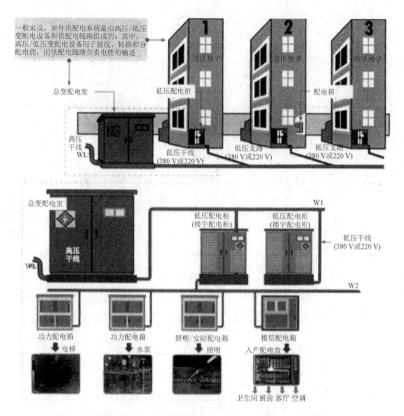

图 2-58　典型室外供配电系统结构示意图

图 2-59 为典型室外供配电线路,高压电经电源进线口 WL 被送入营区总变配电室的电力变压器 T 中,经降压后变为 380 V/220 V 电压,再经营区内总断路器 QF1 被送到母线 W1 上。母线 W1 后的线路被分为多条支路,每一条支路可作为一条单独的低压供配电线路使用。其中,一条支路加到母线 W2 上,分三路分别为营区中的 1 号楼～3 号楼供电,每一路均安装有一只三相电能表,用于计量每栋楼的用电总量。

假设每栋楼有 16 层,除用户用电外,还包括电梯用电、公共照明用电及供水系统的水泵用电,因此,电能经营区中的低压配电柜分配给配电箱后,供配电线路分为 19 条支路。16 条支路分别为各层用户输电,另外 3 条支路分别为电梯控制室、公共照明配电箱及水泵控制室输电。

可以看到,室外供配电系统主要由总变配电室、低压配电柜、配电箱及相应的高低压线路等构成。

总变配电室(见图 2-60)是用来放置变配电设备的专用场所,需要建在指定的位置,便于为营区各楼宇供电。总变配电室的主要功能是将高压三相 6.6～10 kV 的电压经内部变配电设备变为三相 380 V 电压和单相 220 V 电压送往低压配电柜内,是室外供配电系统中必不可少的设备。

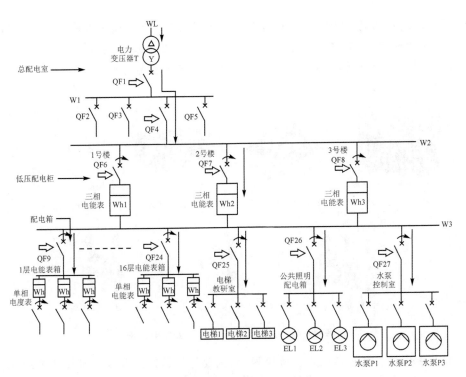

图 2-59 典型室外供配电系路

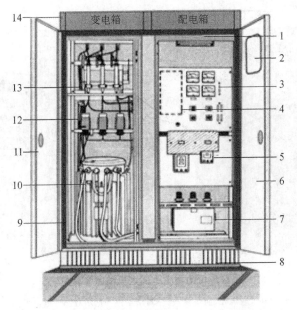

1—照明灯；2—监视窗；3—电流、电压表；4—电能表(计量耗电量)；
5—高压断路器；6—门；7—高压补偿电容器；8—基座(通风孔防虫栅)；9—框架；
10—电力变压器；11—箱体；12—避雷器；13—高压隔离开关(具有过电流过电压保护器)；14—防雨盖。

图 2-60 典型室外供配电系统中的总变配电室

总变配电室的电力变压器(10 kV/400 V)、高压断路器、高压隔离开关、高压熔断器、高压补偿电容器、避雷器、电压互感器等变配电设备(见图 2-61)相互配合实现高压变配电,最终将高压转换为室外供配电线路所需要的交流低压(220 V/380 V)。

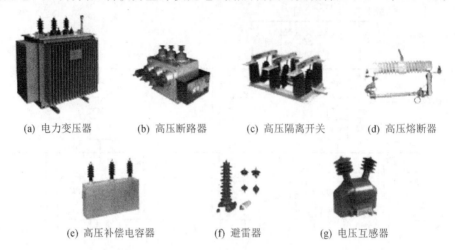

(a) 电力变压器　　　　(b) 高压断路器　　　　(c) 高压隔离开关　　　　(d) 高压熔断器

(e) 高压补偿电容器　　　　(f) 避雷器　　　　(g) 电压互感器

图 2-61　总变配电室的主要变配电设备

低压配电柜安装在营区每栋楼宇附近,主要是将营区总变配电室输出的交流低压分配到楼宇内各配电箱。它包括监测用电流表、电压表、总断路器、分路断路器、电流互感器、状态指示灯等,如图 2-62 所示。

1—电压表;2—总断路器;3—分路断路器;4—电流互感器;
5—基座(通风孔、防虫栅);6—断路器;7—指示灯;8—电流表。
图 2-62　典型室外供配电系统中的低压配电柜

楼宇内各配电箱包括动力(电梯、水泵)配电箱、照明/安防配电箱及楼层配电箱,如图 2-63 所示。这些配电箱用于分配电能至用电设备。

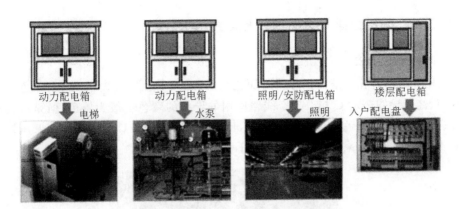

图 2-63　室外供配电系统中的配电箱

2. 室内供配电线路

室内供配电线路是为室内用电设备输送电能的线路,其上连接有电能表、漏电保护器、断路器等供配电设备,这些设备根据功能和安装要求分别安装在配电箱和配电盘中,如图 2-64 所示。

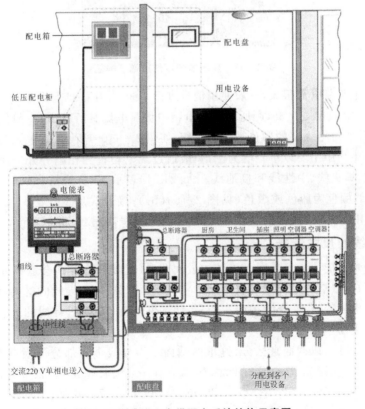

图 2-64　典型室内供配电系统结构示意图

2.3.4 低压绝缘导线的选择及接线

1. 导线的颜色

三相电路的各相一般是由导线的颜色来区分的,黄色导线表示 A 相、绿色导线表示 B 相、红色导线表示 C 相。架空线路所用的导线的颜色一般为黑色,但是在其始端和末端会通过不同颜色来区分不同的相,比如 10 kV/0.4 kV 变压器的高低压端子通过黄、绿、红三种颜色来区分 A、B、C 三相,如图 2 - 65 所示。

图 2 - 65 变压器的高低压端子的颜色

配电柜中负荷电流很大,一般使用铜排进行布线,并在铜排上涂上不同的颜色来区分 A、B、C 三相,如图 2 - 66(a)所示。配电箱中负荷电流有所减少,一般使用绝缘导线进行布线,并通过绝缘层的颜色来区分三相,如图 2 - 66(b)所示。

在日常生活中主要以单相电为主,一般通过配电箱将三相电分开使用。单相电一般有三根线,即火线、中性线和接地线。火线用 L 表示,颜色为黄、绿、红等颜色;中性线用 N 表示,颜色为蓝色或黑色(见图 2 - 66(b));接地线用 PE 表示,颜色为黄绿相间,比如常用的五孔插座中需要接地线的接入,其接线如图 2 - 66(c)所示。

2. 导线的尺寸选择

导线的尺寸应能满足导线上流过的最大电流(载流量),否则会造成导线的产热大于散热,导致导线烧毁。导线的载流量与导线截面有关,也与导线的材料、型号、敷设方法以及环境温度等有关,影响的因素较多,计算也较复杂。各种导线的载流量通常应从国家标准的手册中查找。

导线的尺寸常以截面来区分,这里的截面是指导线金属部分的横截面积,一般以 mm^2 为单位。我国常用的导线标称截面有 1 mm^2、1.5 mm^2、2.5 mm^2、4 mm^2、6 mm^2、10 mm^2、16 mm^2、25 mm^2、35 mm^2、50 mm^2、70 mm^2、95 mm^2、120 mm^2、150 mm^2、185 mm^2 等。不同型号的导线对应的载流量在国家标准中是有明确规定的,但为了便于记忆和使用,在工程应用中也存在着一些选择导线尺寸的口诀。比如铝

(a) 配电柜

(b) 配电箱

(c) 五孔插座

图 2 - 66　配电柜、配电箱和五孔插座布线的颜色

芯绝缘导线的选型口诀"10 下五,100 上二;25,35,四、三界;70,95,两倍半。穿管、温度,八、九折。裸线加一半。铜线升级算"。其含义如下:

① 第一句口诀指出铝芯绝缘导线的载流量(A)可按截面数值的倍数来计算。口诀中的阿拉伯数字表示导线截面(mm^2),汉字数字表示倍数。

把口诀中的截面与倍数关系排列起来就会很清楚。口诀中"10 下五"是指截面在 10 mm^2 以下的导线的载流量都是截面数值的 5 倍;"100 上二(百上二)"是指截面在 100 mm^2 以上的导线的载流量是截面数值的 2 倍;"25,35,四、三界"是指截面为 25 mm^2 与 35 mm^2 的导线的载流量是截面数值的 4 倍和 3 倍的分界处;"70、95,两倍半"是指截面为 70 mm^2、95 mm^2 的导线的载流量为载面数值的 2.5 倍。从口诀可以看出,除截面在 10 mm^2 以下及 100 mm^2 以上的导线之外,中间截面的导线的载流量是每两种规格属同一种倍数。例如对于当环境温度不大于 25 ℃时的铝芯绝缘导线的载流量的计算,当截面为 6 mm^2 时,载流量为 30 A;当截面为 150 mm^2 时,载流量为 300 A;当截面为 70 mm^2 时,载流量为 175 A。

② 后面三句口诀是对条件改变的处理。

"穿管、温度,八、九折"是指若导线是穿管敷设(包括槽板等敷设、即导线加有保护套层,不明露的),则其载流量按第一句口诀计算后再打八折;若环境温度超过25 ℃,则其载流量按第一句口诀计算后再打九折;若导线穿管敷设,且温度超过25 ℃,则其载流量按第一句口诀计算后先打八折再打九折,或简单地按一次打七折计算。例如对于铝芯绝缘线在不同条件下载流量的计算,当截面为 10 mm^2、穿管敷设时,载流量为 $10 \times 5 \times 0.8$ A$=40$ A;若温度为高温,则载流量为 $10 \times 5 \times 0.9$ A$=45$ A;若导线穿管敷设,且温度为高温,则载流量为 $10 \times 5 \times 0.7$ A$=35$ A。

对于裸铝线的载流量,口诀指出"裸线加一半",即载流量按第一句口诀计算后再加一半。这是指相同截面的裸铝线与铝芯绝缘导线比较,载流量可加大一半。例如对于裸铝线载流量的计算,当截面为 16 mm^2 时,载流量为 $16 \times 4 \times 1.5$ A$=96$ A;若在高温下,则载流量为 $16 \times 4 \times 1.5 \times 0.9$ A$=86.4$ A。

对于铜导线的载流量,口诀指出"铜线升级算",即先将铜导线的截面排列顺序提升一级,再按相应的铝导线条件计算。例如截面为 35 mm² 的裸铜线在环境温度为 25 ℃ 的载流量的计算为:按升级为 50 mm² 的裸铝线计算,即 50×3×1.5 A＝225 A。

3. 电气量的测量

导线中的基本电气量主要是电压和电流,对电压和电流进行测量是日常巡检和故障排除的必要手段。

对于 380 V 以上电压等级的电压和电流的测量,一般通过匹配的电压电流互感器及仪表完成。对于 380 V 的市电,由于用户比较多,因此一般通过便携型仪表进行测量:如果仅是简单地判断一下有无通电,则使用电笔测试即可完成;如果需要较为准确地测量电压值,则一般使用多用表的交流电压档进行测量。另外,多用表还具备直流电压档和电阻档等,可分别对电池电压和电阻等进行测量;对于导线中电流的测量,虽然多用表也具备交流电流档,但需要将多用表串联进导线中,在巡检过程中是不能实现的,所以对电流的测量需要使用钳形电流表进行,钳形电流表测量电流的原理类似于电流互感器,不需要将钳形电流表串联入导线中,比较方便。此外,由于一些钳形电流表也具备交流电压档和电阻档等,因此可利用钳形电流表对导线中的电压和电流进行较为准确地测量。

4. 接　线

将断开的线路进行连接是供配电线路中经常遇到的问题。为了进行连接,导线连接处的绝缘层应首先被去除,导线连接完成后,必须对去除绝缘层的部位进行绝缘处理,以恢复导线的绝缘性能,恢复后的绝缘强度应不低于导线原有的绝缘强度。因此,接线的过程大致分为剥线、连接和恢复绝缘。

(1) 剥　线

剥线是为了去掉导线的绝缘层,便于金属部分的连接。常用的剥线工具有钢丝钳、尖嘴钳、电工刀、剥线钳等,如图 2-67 所示。以电工刀剥线为例(见图 2-68),先使用电工刀将导线多余的绝缘层垂直剖切,再用双手将多余的绝缘层拉出。

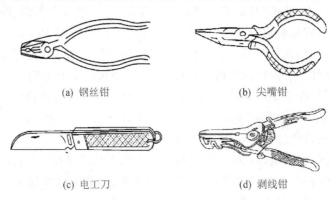

(a) 钢丝钳　　　　　　　　(b) 尖嘴钳

(c) 电工刀　　　　　　　　(d) 剥线钳

图 2-67　常用的剥线工具

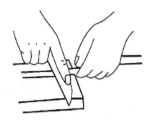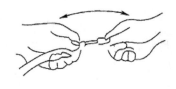

图 2－68　电工刀剥线操作

(2) 连　接

导线连接后应保证牢固,并且接触面积大(接头电阻小)。导线连接的方式大致可以分为单股铜导线的连接、多股铜导线的连接、单股铜导线与多股铜导线的连接、紧压连接和焊接。

1) 单股铜导线的连接

① 小截面单股铜导线的连接(见图 2－69):先将两根导线的芯线线头作 X 形交叉,再将它们相互缠绕 2～3 圈后扳直两根线头,最后将每根线头在另一芯线上紧贴密绕 5～6 圈后剪去多余线头即可。

② 大截面单股铜导线的连接(见图 2－70):先在两根导线的芯线重叠处填入一根相同直径的芯线;再用一根截面约 $1.5\ mm^2$ 的裸铜线在其上紧密缠绕,缠绕长度为导线直径的 10 倍左右;最后将被连接导线的芯线线头分别折回,将两端的缠绕裸铜线继续缠绕 5～6 圈后剪去多余线头即可。

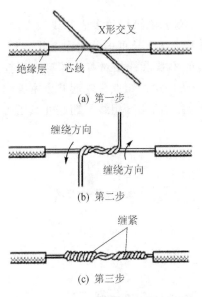

图 2－69　小截面单股铜导线的连接

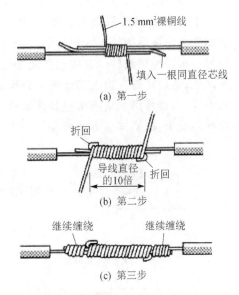

图 2－70　大截面单股铜导线的连接

③ 不同截面单股铜导线的连接(见图 2－71):先将细导线的芯线在粗导线的芯线上紧密缠绕 5～6 圈,再将粗导线芯线的线头折回紧压在缠绕层上,最后用细导线芯线

在其上继续缠绕3～4圈后剪去多余线头即可。

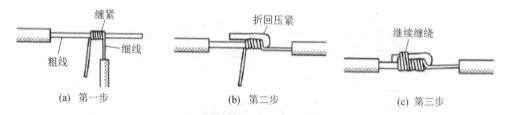

(a) 第一步   (b) 第二步   (c) 第三步

图2-71 不同截面单股铜导线的连接

④ 单股铜导线的T字分支连接(见图2-72)：将支路芯线的线头紧密缠绕在干路芯线上5～8圈后剪去多余线头即可。对于较小截面的芯线,可先将支路芯线的线头在干路芯线上打一个环绕结(见图2-72(b)),再紧密缠绕5～8圈后剪去多余线头即可。

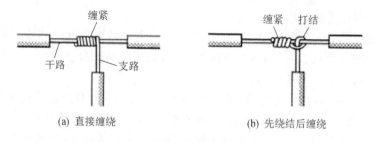

(a) 直接缠绕   (b) 先绕结后缠绕

图2-72 单股铜导线的T字分支连接

2) 多股铜导线的连接

① 多股铜导线的直接连接(见图2-73)：首先将剥去绝缘层的多股芯线拉直,将它们靠近绝缘层的约1/3长度的芯线绞合拧紧,而将其余2/3长度的芯线成伞状散开,将另一根需连接的导线芯线也如此处理;接着将两边的伞状芯线相对着互相插入后捏平芯线;然后将每一边的芯线线头分作3组,先将某一边的第1组线头翘起并紧密缠绕在芯线上,再将第2组线头翘起并紧密缠绕在芯线上,最后将第3组线头翘起并紧密缠绕在芯线上;以同样的方法缠绕另一边的线头。

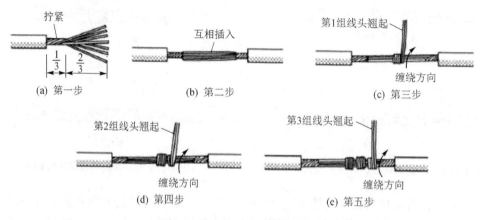

(a) 第一步   (b) 第二步   (c) 第三步

(d) 第四步   (e) 第五步

图2-73 多股铜导线的直接连接

② 多股铜导线的 T 字分支连接有两种方法：一种方法（见图 2-74）是先将支路芯线 90°折弯后与干路芯线并行，然后将线头折回并紧密缠绕在芯线上。另一种方法（见图 2-75）是将支路芯线靠近绝缘层的约 1/8 长度的芯线绞合拧紧，将其余 7/8 长度的芯线分为两组，一组插入干路芯线当中，另一组放在干路芯线前面，并朝右边按图 2-75(b) 所示方向缠绕 4~5 圈；再将插入干路芯线当中的那一组芯线朝左边按图 2-75(c)所示方向缠绕 4~5 圈；连接好的导线如图 2-75(d)所示。

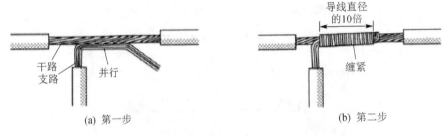

(a) 第一步   (b) 第二步

图 2-74 多股铜导线的 T 字分支连接 1

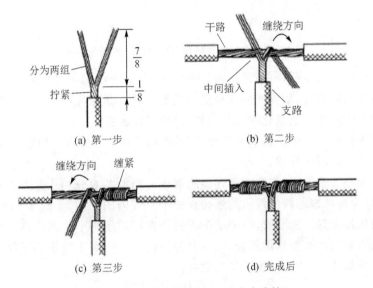

(a) 第一步   (b) 第二步

(c) 第三步   (d) 完成后

图 2-75 多股铜导线的 T 字分支连接 2

3）单股铜导线与多股铜导线的连接

单股铜导线与多股铜导线的延伸连接如图 2-76 所示，先将多股导线的芯线绞合拧紧成单股状，再将它在单股导线的芯线上紧密缠绕 5~8 圈，最后将单股导线的芯线线头折回并压紧在缠绕部位即可。单股铜导线与多段铜导线的同向连接如图 2-77 所示，可先将多股导线的芯线紧密缠绕在单股导线的芯线上，再将单股导线的芯线线头折回压紧即可。如果多股铜导线较细，则可在连接始端做打结处理。

4）紧压连接

紧压连接是指将铜或铝套管套在被连接的芯线上，用压接钳或压接模具压紧套管

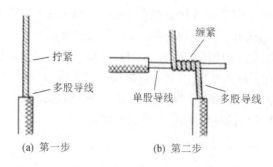

图 2－76　单股铜导线与多股铜导线的延伸连接

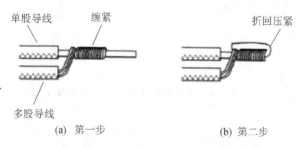

图 2－77　单股铜导线与多股铜导线的同向连接

使芯线保持连接。铜导线(一般是较粗的铜导线)和铝导线都可以采用紧压连接,铜导线的连接应采用铜套管,铝导线的连接应采用铝套管。紧压连接前应先清除导线芯线表面和压接套管内壁上的氧化层和粘污物,以确保接触良好。

压接套管截面有圆形和椭圆形两种,圆截面套管内可以穿入一根导线,椭圆截面套管内可以并排穿入两根导线。

当使用圆截面套管时,先将需要连接的两根导线的芯线分别从套管左右两端插入相等长度,以保持两根芯线的线头的连接点位于套管内的中间,如图 2－78 所示;然后用压接钳或压接模具压紧套管,一般情况下只需在每端压一个坑即可满足接触电阻的要求。在对机械强度有要求的场合,可在每端压两个坑。对于较粗的导线或对机械强度要求较高的场合,可适当增加压坑的数目。

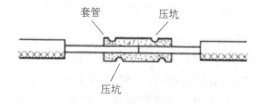

图 2－78　圆截面套管连接

当使用椭圆截面套管时,先将需要连接的两根导线的芯线分别从套管左右两端相对插入并穿出套管少许,然后压紧套管即可,如图 2－79(a)所示。椭圆截面套管不仅可用于导线的直线压接,而且可用于同一方向导线的压接(见图 2－79(b));还可用于导线的 T 字分支压接(见图 2 - 79(c))和十字分支压接(见图 2 - 79(d))。

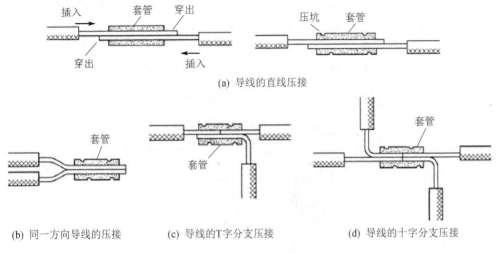

(a) 导线的直线压接

(b) 同一方向导线的压接　(c) 导线的T字分支压接　(d) 导线的十字分支压接

图 2 - 79　椭圆截面套管连接

5) 焊　接

焊接是指将金属(焊锡等焊料或导线本身)熔化融合而使导线连接。电工技术中导线连接的焊接种类有锡焊、电阻焊、气焊等。

(3) 恢复绝缘

导线连接处的绝缘处理通常采用绝缘胶带进行缠裹包扎。常用的绝缘胶带有黄蜡带、涤纶薄膜带、黑胶布带、塑料胶带、橡胶胶带等。宽度为 20 mm 的绝缘胶带比较常用,因为它使用起来较为方便。

对于一字连接的导线接头,可按如图 2 - 80 所示进行绝缘处理,先包缠一层黄蜡带,再包缠一层黑胶布带。将黄蜡带从接头左边绝缘完好的绝缘层上开始包缠,包缠 2 倍带宽的距离后进入剥除了绝缘层的芯线部分。包缠时黄蜡带应与导线成 55°左右的倾斜角,本圈压叠在上一圈带宽的 1/2 处,直至包缠到接头右边 2 倍带宽距离的完好绝缘层处。然后将黑胶布带接在黄蜡带的尾端,按另一斜叠方向从右向左包缠,仍每圈压叠带宽的 1/2,直至将黄蜡带完全包缠住。

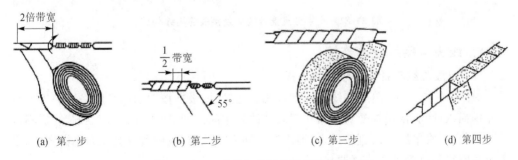

(a) 第一步　　　(b) 第二步　　　(c) 第三步　　　(d) 第四步

图 2 - 80　一字连接的导线接头的绝缘处理

包缠处理中应用力拉紧胶带，注意不可稀疏，更不能露出芯线，以确保绝缘质量和用电安全。对于220 V线路，也可不用黄蜡带，只用黑胶布带或塑料胶带包缠两层。在潮湿场所应使用聚氯乙烯绝缘胶带或涤纶绝缘胶带。

对于T字分支连接的导线接头，绝缘胶带的包缠方向如图2-81所示，每根导线上包缠两层绝缘胶带，且绝缘胶带都应包缠到2倍带宽距离的完好绝缘层处。

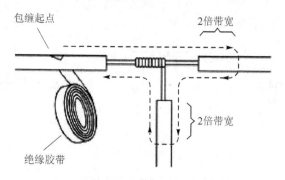

图2-81 T字分支连接的导线接头的绝缘处理

对于十字分支连接的导线接头，绝缘胶带的包缠方向如图2-82所示，每根导线上包缠两层绝缘胶带，且绝缘胶带都应包缠到2倍带宽距离的完好绝缘层处。

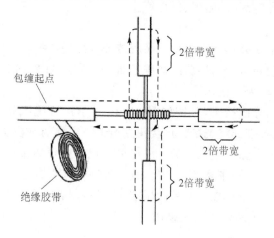

图2-82 十字分支连接的导线接头的绝缘处理

5. 线头与接线柱的连接

（1）单股芯线与针孔接线桩的连接

如图2-83所示，单股芯线与针孔接线桩连接时，最好按要求的长度将线头折成双股并排插入针孔，使压接螺钉顶紧在双股芯线的中间。如果线头较粗，双股芯线插不进针孔，则也可将单股芯线直接插入，但芯线在插入针孔前，应朝着针孔上方稍微弯曲，以免压接螺钉稍有松动线头就脱出。

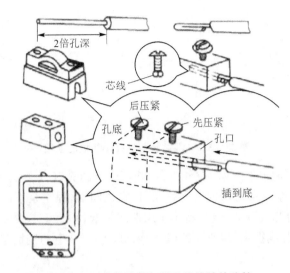

图 2 - 83　单股芯线与针孔接线桩的连接

(2) 单股芯线与平压式接线桩的连接

先将线头弯成压接圈(俗称羊眼圈),再用螺钉压紧。单股芯线压接圈的弯制方法(见图 2 - 84):(a) 在离绝缘层根部约 3 mm 处向外侧折角;(b) 按略大于螺钉直径(顺时针)弯曲线头成圆弧状;(c) 剪去芯线余端;(d) 修正压接圈成圆形。

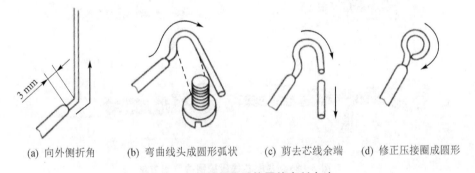

(a) 向外侧折角　　(b) 弯曲线头成圆形弧状　　(c) 剪去芯线余端　　(d) 修正压接圈成圆形

图 2 - 84　单股芯线压接圈的弯制方法

(3) 多股芯线与针孔接线桩的连接

如图 2 - 85(a)所示,当多股芯线与针孔接线桩连接时,先用钢丝钳将多股芯线进一步绞紧,以保证当压接螺钉顶压时线头不致松散。如果针孔过大,则可选一根直径大小相宜的导线作为绑扎线,在已绞紧的线头上紧紧地缠绕一层,如图 2 - 85(b)所示,使线头大小与针孔匹配后再进行压接。如果线头过大,插不进针孔,则可将线头散开,适量剪去中间几股,如图 2 - 85(c)所示,然后将线头绞紧就可进行压接。

(4) 多股芯线与平压式接线桩的连接

先将多股芯线弯成压接圈,再用螺钉压紧。多股芯线压接圈的弯制方法(见图 2 - 86):(a) 把离绝缘层根部约 1/2 处的芯线重新绞紧,越紧越好;(b) 在离绝缘层

(a) 针孔合适时的连接　　(b) 针孔过大时线头的处理　　(c) 针孔过小时线头的处理

图 2-85　多股芯线与针孔接线桩的连接

根部 1/3 处将绞紧部分的芯线向左外折角,并弯曲成圆弧;(c) 当圆弧状弯曲得将成圆形(剩下 1/4 时),将余下的芯线向右外折角,使它成圆形,捏平余下的线端,使两端芯线平行;(d) 把散开的芯线分成 3 组,将第 1 组芯线扳起,垂直于芯线缠绕(要留出垫圈边宽);(e) 将第 2 组芯线扳起,垂直于芯线缠绕;(f) 将第 3 组芯线扳起,垂直于芯线缠绕并成形。

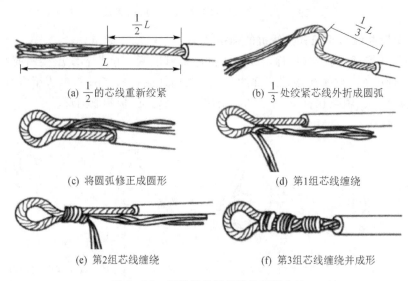

(a) $\frac{1}{2}$ 的芯线重新绞紧　　　　(b) $\frac{1}{3}$ 处绞紧芯线外折成圆弧

(c) 将圆弧修正成圆形　　　　　　　(d) 第1组芯线缠绕

(e) 第2组芯线缠绕　　　　　　　　(f) 第3组芯线缠绕并成形

图 2-86　多股芯线压接圈的弯制方法

任务 2.4　三相异步电动机的基本控制电路

2.4.1　三相异步电动机的直接起动控制电路

　　三相异步电动机的直接起动控制是指将额定电压直接加到电动机绕组上对它进行起动和停止的控制。当电动机的额定容量小于 10 kW,或其额定容量不超过电源变压器容量的 20% 时,可允许直接起动。本节主要介绍三相异步电动机的点动正转控制电路、自锁连续控制电路和接触器联锁正反转控制电路。

1．三相异步电动机的点动正转控制电路

点动正转控制电路的优点是所用电器元件少,电路简单;缺点是操作劳动强度大、安全性差,且不便于实现远距离控制和自动控制。图 2 - 87 为点动正转控制电路,是用按钮、接触器来控制电动机运转的最简单的正转控制电路。

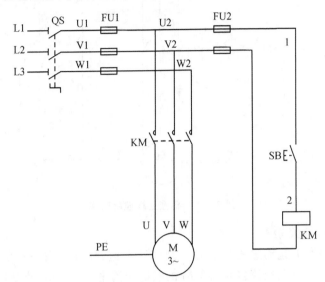

图 2 - 87　点动正转控制电路

(1) 主回路和控制回路

隔离开关 QS、熔断器 FU1、接触器 KM 主触点和三相异步电动机 M 构成主回路。熔断器 FU2、起动按钮 SB 和接触器 KM 线圈构成控制回路。

(2) 操作步骤

如图 2 - 87 所示,点动正转控制电路的操作步骤如下:

① 合上隔离开关 QS。

② 起动:按下起动按钮 SB—接触器 KM 线圈得电—接触器 KM 主触点闭合—三相异步电动机 M 起动运转。

③ 停止:松开起动按钮 SB—接触器 KM 线圈失电—接触器 KM 主触头断开—三相异步电动机 M 断电停转。

④ 当停止使用时,断开隔离开关 QS。

2．三相异步电动机的自锁连续控制电路

(1) 主回路和控制回路

三相异步电动机的自锁连续控制电路(见图 2 - 88)和点动正转控制电路大致相同,但在控制回路中串联了一个停止按钮 SB1,在起动按钮 SB2 的两端并联了接触器 KM 的一对动合辅助触点。

(2) 操作步骤

自锁连续控制电路的操作步骤如下:

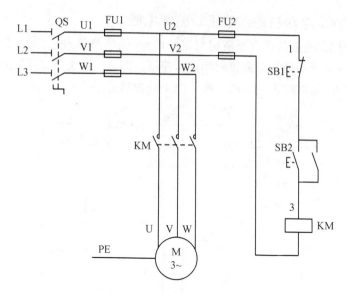

图 2-88　自锁连续控制电路

① 合上隔离开关 QS。

② 起动：当按下起动按钮 SB2 时,电源 U1 相通过停止按钮 SBl 的动断触点、起动按钮 SB2 的动合触点及交流接触器 KM 的线圈接通电源 V1 相,使交流接触器线圈得电而动作,其主触点闭合使电动机转动;同时,交流接触器 KM 的动合辅助触点短接了起动按钮 SB2 的动合触点,使交流接触器线圈始终处于带电状态,这就是所谓的自锁(自保)。与起动按钮 SB2 并联起自锁作用的动合辅助触点称为自锁触点(或自保触点)。

③ 停止：当按下停止按钮 SB1 切断控制回路时,接触器 KM 失电,其自锁触点分断解除自锁,而这时起动按钮 SB2 也是分断的,因此当松开停止按钮 SB1 时,接触器不会自行得电,电动机也就不会自行重新起动运转。

(3) 电路的保护环节

① 欠电压保护。欠电压是指电路电压低于电动机应加的额定电压。欠电压保护是指当电路电压下降到某一数值时,电动机能自动脱离电源停转,避免电动机在欠电压下运行的一种保护。

自锁连续控制电路具有欠电压保护作用。当电路电压下降到一定值(一般指低于额定电压的 85%)时,接触器线圈两端的电压也同样下降到此值,使接触器线圈磁感应强度减弱,产生的电磁吸力减小。当电磁吸力减小到小于反作用弹簧的拉力时,动铁芯被迫释放,主触点和自锁触点同时分断,自动切断主回路和控制回路,电动机断电停转,起到欠电压保护的作用。

② 失电压(或零压)保护。失电压保护是指电动机在正常运行中由于外界某种原因引起突然断电时能自动切断电动机电源,当重新供电时能保证电动机不能自行起动的一种保护。自锁连续控制电路也可实现失电压保护。接触器自锁触点和主触点在电源断电时已经分断,使控制回路和主回路都不能接通,所以当电源恢复供电时,电动机

就不会自行起动运转,保证了人身和设备的安全。

③ 短路保护。电动机的短路保护采用熔断器。熔断器 FU1、FU2 分别实现主回路和控制回路的短路保护。

3. 三相异步电动机的接触器联锁正反转控制电路

在机械加工中,许多生产机械的运动部件都被要求能实现正反向运动,如要求机床的主轴能改变方向旋转,要求物料小车能往返运动等。这些要求都可以通过电动机的正反转实现。由电动机的原理可知,若将接到交流电动机的三相交流电源进线中的任意两相对调,则可以改变电动机的旋转方向。电动机的正反转控制电路正是利用这一原理设计的。

图 2-89 为接触器联锁正反转控制电路。电路中采用了 2 个接触器,即正转用的接触器 KM1 和反转用的接触器 KM2,它们分别由正转按钮 SB1 和反转按钮 SB2 控制。从主回路中可以看出,这 2 个接触器的主触头所接通的电源相序不同,KM1 按 L1—L2—L3 相序接线,KM2 则按 L3—L2—L1 相序接线。相应的控制回路有两条,一条是由正转按钮 SB1 和接触器 KM1 线圈等组成的正转控制回路;另一条是由反转按钮 SB2 和接触器 KM2 线圈等组成的反转控制回路。正转接触器 KM1 和反转接触器 KM2 的主触点不能同时接通,否则会造成两相电源短路事故。为了避免 2 个接触

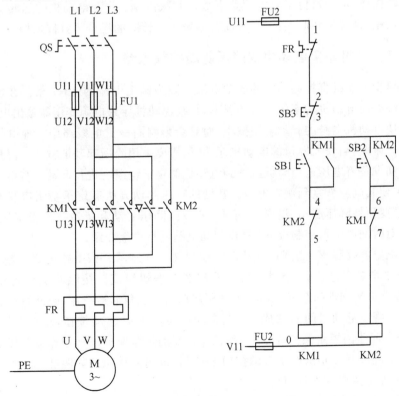

图 2-89　接触器联锁正反转控制电路

63

器 KM1 和 KM2 同时得电动作,在正反转控制回路中分别接了对方接触器的一对动断辅助触点。当一个线圈得电动作时,动断辅助触点使另一个接触器不能得电动作。接触器之间这种相互制约的作用称为接触器联锁(或互锁)。实现联锁作用的接触器的动断辅助触点称为联锁触点(或互锁触点)。

(1)操作步骤

① 合上隔离开关 QS。

② 若按下正转按钮 SB1,则接触器 KM1 线圈得电。接触器 KM1 的主触点闭合,且自锁动合触点闭合,同时联锁触点断开(切断接触器联锁正反转控制电路中的反转控制回路),电动机 M 正转。

③ 若按下按钮 SB3,则接触器 KM1 线圈失电。接触器 KM1 的主触点断开,且自锁动合触点断开,同时联锁触点闭合,为接通反转控制回路做好准备,电动机 M 停转。

④ 若按下反转按钮 SB2,则接触器 KM2 线圈得电。接触器 KM2 的主触点闭合,且自锁动合触点闭合,同时联锁触点断开(切断正转控制回路,以使接触器 KM 线圈不能得电),电动机 M 反转。

(2)工作特点

接触器联锁正反转控制电路的优点是:利用联锁关系,保证正反转接触器的主触点不能同时接通,从而避免了电源短路事故。其缺点是:改变电动机的运转方向必须先按停止按钮,再按反转起动按钮,因此在频繁改变转向的场合不宜被采用。

2.4.2 三相异步电动机的降压起动控制电路

三相异步电动机直接起动时的起动电流一般为额定电流的 4～7 倍。在电源变压器容量不够大而电动机功率较大的情况下,直接起动将导致电源变压器输出电压下降,这不仅会使电动机本身的起动转矩减小,而且会影响同一供电线路中其他电气设备的正常工作。因此,当较大容量的电动机起动时,需要采用降压起动的方法。降压起动是指利用起动设备将电压适当降低后加到电动机的定子绕组上进行起动。待电动机起动运转后,再使其电压恢复到额定电压。常见的降压起动方法有定子绕组串联电阻降压起动、自耦变压器降压起动、星形-三角形(Y-△)降压起动和延边三角形降压起动等。本节主要对时间继电器控制 Y-△降压起动电路进行详细介绍。

时间继电器控制 Y-△降压起动电路如图 2-90 所示。该电路主要控制部分由 3 个接触器、1 个热继电器、1 个时间继电器和 2 个按钮组成。接触器 KM 作引入电源用,接触器 KMY 和 KM△ 分别作星形降压起动用与三角形运行用,时间继电器 KT 用作控制星形降压起动时间和完成 Y-△自动切换,SB1 是起动按钮,SB2 是停止按钮。FU1 用作主回路的短路保护,FU2 用作控制回路的短路保护,FR 用作过载保护。

在合上隔离开关 QS,按下起动按钮 SB1 后,电路工作原理如图 2-91 所示。当停止时,按下停止按钮 SB2 即可。

Y-△降压起动控制电路简单,使用方便,但起动转矩小,只适用于空载或轻载状态下的起动,且只能用于正常运转的定子绕组接成三角形的异步电动机。

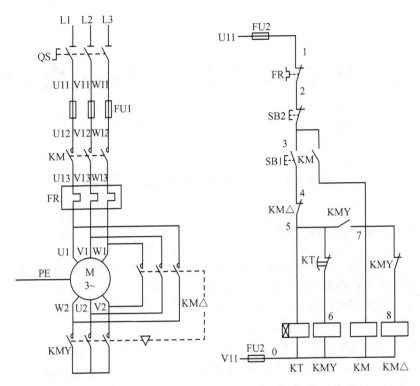

图 2-90 时间继电器控制 Y-△降压起动电路

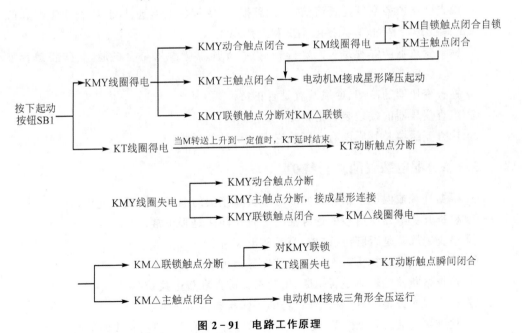

图 2-91 电路工作原理

项目3 供配电系统的运行维护及电气安全

任务 3.1 变电站的运行维护

3.1.1 变压器的运行维护

① 检查变压器的油温是否超过允许值。规定上层油温不超过 95 ℃,油温过高可能是由变压器过负荷或变压器内部存在故障引起的。

② 检查变压器的声响是否正常。正常声响应是均匀的嗡嗡声,如果声响沉重,则表明变压器过负荷;若声响尖锐,则说明电源电压过高。

③ 检查变压器储油柜的油位和油色是否正常。油面过高可能是由变压器内部存在故障或者冷却器运行不正常引起的,油面过低说明可能存在渗油或漏油的情况。若油色变深变暗,则说明油质变坏。

④ 检查变压器瓷套管是否清洁,有无破损、裂纹和放电痕迹;同时检查变压器高低压接头的螺栓是否紧固,有无接触不良和发热现象。

⑤ 检查变压器防爆膜是否完好;同时检查变压器吸湿器是否畅通,其硅胶是否吸湿饱和。

⑥ 检查变压器的冷却、通风装置是否正常。

⑦ 检查变压器的接地装置是否完好。

⑧ 检查变压器及其周围有无影响它安全运行的异物。

3.1.2 配电装置的运行维护

① 根据外观或温度指示装置判断母线及其接头的温度是否超出允许值。

② 检查开关电器中所装的绝缘油的油色和油位是否正常。

③ 检查绝缘子是否脏污、破损,有无放电痕迹。

④ 检查电缆及其接头有无漏油及其他异常现象。

⑤ 检查熔断器的熔体是否熔断,熔管有无破损和放电痕迹。

⑥ 检查二次设备(如仪表、继电器)的工作状态是否正常。

⑦ 检查接地装置及 PE 线(或 PEN 线)的连接处有无松脱、断线的情况。

⑧ 检查整个配电装置的运行状态是否符合运行要求。

⑨ 检查变电站的照明、通风及安全防火装置是否正常。

⑩ 检查配电装置及其周围有无影响它安全运行的异物。

3.1.3　变电站值班员的职责及注意事项

1. 变电站值班员的职责

① 遵守变电站值班工作制度,坚守工作岗位,做好变电站的安全保卫工作,确保变电站安全运行。

② 积极钻研本职工作,认真学习和贯彻有关规程,熟悉变电站的一、二次系统的接线及设备的装设位置、结构性能、操作要求和维护保养方法等,掌握各种安全工具和消防器材的使用方法及触电急救法,了解变电站的运行方式、负荷情况及负荷调整和电压调节等措施。

③ 监视站内各种设施的运行状态,定期巡视检查,按照规定要求抄报各种运行数据,记录运行日志。当发现设备缺陷和运行不正常时,及时处理,并做好有关记录,以备查考。

④ 按上级调度命令进行操作,当发生事故时进行紧急处理,并做好有关记录,以备查考。

⑤ 保管好站内各种资料图表、工具仪器和消防器材等,并保持站内设备和环境的清洁。

⑥ 按照规定进行交接班。值班员未办完交接手续不得擅离岗位。当处理事故时,一般不得交接班。接班的值班员可在当班的值班员要求和主持下,协助处理事故。如果事故一时难以处理完毕,则在征得接班的值班员同意或上级同意后,可进行交接班。

2. 注意事项

① 不论高压设备带电与否,值班员都不得单独移开或跨越高压设备的遮栏进行工作。若有必要移开遮栏,则须有监护人在场,并符合规定的设备不停电时的安全距离。

② 当在雷雨天巡视室外高压设备时,值班员应穿绝缘靴,并且不得靠近避雷针和避雷器。

③ 当高压设备发生接地故障时,室内不得接近故障点 4 m 以内,室外不得接近故障点 8 m 以内。进入上述范围的人员必须穿绝缘靴,当接触设备的外壳和架构时,应戴绝缘手套。

任务 3.2　供配电线路的运行维护

3.2.1　架空线路的运行维护要求

① 电杆无倾斜、损坏及基础下沉等现象。

② 沿线路的地面上无堆放的易燃、易爆和强腐蚀性物质。

③ 沿线路周围无危险建筑物。

④ 线路上无树枝、风筝等杂物悬挂。

⑤ 拉线和扳桩完好,绑扎线紧固可靠。

⑥ 导线的接头接触良好,无过热发红、严重氧化、腐蚀或断脱现象,绝缘子无破损和放电痕迹。

⑦ 避雷接地装置良好,接地线无锈断、损坏情况。

⑧ 无其他危及线路安全运行的异常情况。

3.2.2 营区配电线路的运行维护

① 检查线路的负荷情况,可用钳形电流表测量线路的负荷电流,特别是绝缘导线,不允许长期过负荷,否则可导致导线绝缘层燃烧。

② 检查导线的温度是否超过正常的允许发热温度,特别要检查导线接头处有无过热现象。

③ 检查配电箱、分线盒、开关、熔断器、母线槽及接地装置等的运行是否正常,有无接头松脱、放电等异常情况。

④ 检查线路及其周围有无影响线路安全运行的异常情况。严禁在绝缘导线和绝缘子上悬挂物件,禁止在线路近旁堆放易燃易爆等危险物品。

⑤ 对敷设在潮湿、有腐蚀性物质场所的线路和设备要定期进行绝缘检查,绝缘电阻一般不得低于 0.5 MΩ。

3.2.3 电力线路运行中突然停电的处理

1. 处理方法

① 电源总开关不必拉开,出线开关宜全部拉开。

② 当双电源一路停电时,应立即进行倒闸操作,将特别重要负荷转移给另一路电源进线供电。

2. 架空线路首端开关突然跳闸的故障点查找示例

假设故障发生在线路 WL8 上(见图 3-1),开关越级跳闸致使线路 WL1 停电。检查步骤如下:

① 先将出线 WL2~WL6 的开关全部拉开,再合上 WL1 的开关。

② 依次试合 WL2~WL6 的开关,结果除 WL5 的开关因其分支线路 WL8 存在故障又跳闸外,其余出线开关均试合成功,恢复供电。

③ 先将线路 WL7~WL9 的开关全部拉开,再合上 WL5 的开关。由于母线 WB2 正常,因此 WL5 的开关合闸成功。

④ 依次试合 WL7~WL9 的开关,结果除 WL8 的开关因线路上存在故障又跳闸外,其余出线开关均试合成功,恢复供电。由此确定故障线路为 WL8。

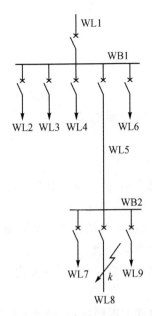

图 3-1　架空线路首端开关突然跳闸的故障点查找示例

任务 3.3　倒闸操作

由于周期性检查、试验或事故处理等原因,需操作断路器、隔离开关等来改变电气设备的运行状态。这种将电气设备由一种状态转变为另一种状态的过程称为倒闸,所进行的操作称为倒闸操作。

倒闸操作是值班员的一项经常性的重要工作。值班员进行倒闸操作必须严格执行有关规程,否则稍有疏忽就可能导致严重事故,造成难以挽回的损失。

实际上,处理事故所进行的操作是特定条件下的一种紧急倒闸操作。

3.3.1　电气设备的工作状态

电气设备的工作状态通常分为如下 4 种:

① 运行状态:隔离开关和断路器处于合闸位置,使电源和电气设备连成电路。

② 热备用状态:电气设备的电源由于断路器的断开已停止运行,但断路器两端的隔离开关仍处于合闸位置。

③ 冷备用状态:电气设备所属线路上的所有隔离开关和断路器均已断开。

④ 检修状态:电气设备所属线路上的所有隔离开关和断路器已经全都断开,且悬挂"有人工作,禁止合闸"的警告牌,并装设遮栏及安装临时接地线。

区别以上 4 种状态的关键在于判定各种电气设备是处于带电状态还是处于断电状

态,可以通过观察开关所处的状态、电压表的指示、信号灯的指示及验电器的测试反应来判定。

3.3.2　倒闸操作技术

电气设备的操作、验电操作、装设接地线是倒闸操作的基本功,为了保证倒闸操作的正常进行,值班员需熟练掌握这些基本功。

1. 电气设备的操作

(1) 断路器的操作

① 断路器不允许带电手动合闸,因为手动合闸速度慢,易产生电弧灼烧触头,从而导致触头损坏。

② 在断路器拉合后,应先查看有关的信息装置和测量仪表的指示,判断断路器的位置,而且还应该到现场查看其实际位置。

③ 断路器合闸送电或跳闸后试发,工作人员应远离现场,以免因带故障合闸造成断路器损坏而发生意外。

④ 拒绝拉闸或保护拒绝跳闸的断路器,不得投入运行或列为备用。

(2) 高压隔离开关的操作

① 当手动闭合高压隔离开关时应迅速果断,但当合到底时不能用力过猛,防止产生的冲击导致合过头或损坏支持绝缘子。如果一合上高压隔离开关就产生电弧,则应将高压隔离开关迅速合上,并严禁往回拉,否则将会使弧光扩大,导致设备损坏更严重。如果误合了高压隔离开关,则只能用断路器切断回路后,才允许将高压隔离开关拉开。

② 当手动拉开高压隔离开关时应慢而谨慎,一般按"慢—快—慢"的过程进行操作。一开始要慢,便于观察有无电弧。若有电弧应立即合上,停止操作,并查明原因。若无电弧,则迅速拉开。当高压隔离开关快要全部被拉开时,反应稍慢些,避免冲击绝缘子。当切断空载变压器、小容量变压器、空载线路和系统环路等时,虽有电弧产生,但也应果断而迅速地拉开高压隔离开关,促使电弧迅速熄灭。

③ 对于单相高压隔离开关,当拉闸时,先拉中相,后拉边相;合闸操作则相反。

④ 在高压隔离开关拉合后,应到现场检查其实际位置;检修后的高压隔离开关应保持在断开位置。

⑤ 当高压断路器与高压隔离开关在线路中串联使用时,应按顺序进行倒闸操作。当合闸时,先合高压隔离开关,再合高压断路器;当拉闸时,先拉开高压断路器,再拉开隔离开关。这是因为隔离开关和断路器在结构上有差异;因为设计隔离开关时一般不考虑直接接通或切断负荷电流,所以它没有专门的灭弧装置,如果直接接通或切断负荷电流则会引起很大的电弧,易烧坏触头,并可能引起事故;而断路器具有专门的灭弧装置,能直接接通或者切断负荷电流。

2. 验电操作

为了保证倒闸安全顺利地进行,验电操作必不可少。如果忽视这一步,则可能会导致带电装设接地线、相与相短路等,从而造成经济损失和人身伤害等事故。因此,验电操作是一项很重要的工作,切不可等闲视之。

① 在验电前,必须根据所检验的系统电压等级来选择与电压相配的验电器,切忌"高就低"或"低就高"。为了保证验电结果的正确性,有必要先在有电设备上检查验电器,确认验电器良好。如果是高压验电,则操作员还必须戴绝缘手套。

② 一般验电不必直接接触带电导体,验电器只要靠近导体一定距离就会发光(或有声光报警),而且距离越近,亮度(或声音)就越强。

③ 对于架构比较高的室外设备,须借助绝缘拉杆验电。如果绝缘拉杆钩住或顶着导体,则即使有电也不会有火花和放电声。为了保证能观察到有电现象,绝缘拉杆与导体应保持虚接或在导体表面来回蹭,如果设备有电,就会产生火花和放电声。

3. 装设接地线

在验明设备已无电压后,应立即装设临时接地线,将停电设备的剩余电荷导入大地,以防止突然来电或产生感应电压。接地线是电气检修人员的安全线和生命线。

(1) 接地线的装设位置

① 对于可能送电到停电检修设备的各方面均要装设接地线。如当检修变压器时,高低压侧均要装设接地线。

② 在停电设备可能产生感应电压的地方应装设接地线。

③ 当检修母线时,若母线长度在 10 m 及以下,则可装设一组接地线。

④ 当检修电气设备上不相连的几个部位(如隔离开关、断路器分成的几段)时,各段应在分别验电后进行接地短路。

⑤ 在室内,短路端应装在装置导电部分的规定地点,接地端应装在接地网的接头上。

(2) 接地线的装设方法

装设接地线必须由两人进行:一人操作规程,一人监护。当装设时应先检查接地线,然后将良好的接地线接到接地网的接头上。

3.3.3 倒闸操作步骤

倒闸操作有正常情况下的倒闸操作和事故情况下的倒闸操作两种。在正常情况下应严格执行倒闸操作票制度。《电业安全工作规程》规定:倒闸操作必须根据值班调度员或值班负责人命令,受令人复诵无误后执行。

1. 变电站倒闸操作步骤

变电站的倒闸操作可以参照下列步骤进行:

① 接受预发操作任务。当接受预发操作任务时,值班员要停止其他工作,并将记录内容向值班负责人复诵,核对其正确性。对枢纽变电站等处的重要倒闸操作应由两人同时听取和接受预发操作任务。

② 填写操作票。值班员根据预发操作任务,核对模拟图,核对实际设备,参照典型

操作票认真填写操作票,在操作票上逐项填写操作项目。操作票的填写顺序不可颠倒,字迹要清晰,不得涂改,不得用铅笔填写。当处理事故、单一操作、拉开接地刀闸或拆除全站仅有的一组接地线时,可不用操作票,但应该将上述操作记录于运行日志或操作记录本上。

操作票里应填入如下内容:应拉合的开关和刀闸;检查开关和刀闸的位置;检查负载分配;装拆接地线;安装或拆除控制回路、电压互感器回路的熔断器;切换保护回路并检验是否确无电压。

③ 审查操作票。在填写完操作票后,写票人应进行核对,在确认无误后,再交监护人审查。监护人应对操作票的内容进行逐项审查,对于上一班预填的操作票,即使不是在本班执行,也要根据规定进行审查。在审查中若发现错误,则操作票应由操作人重新填写。

④ 接受操作任务。当值班负责人发布操作任务时,监护人和操作人应同时在场,仔细听清值班负责人发布的任务,同时要核对操作票上的任务与值班负责人所发布的任务是否完全一致,并由监护人按照填写好的操作票向发令人复诵,经双方核对无误后,在操作票上填写发令时间,并由操作人和监护人在操作票上签名。这样,这份操作票才合格可用。

⑤ 操作的预演。在操作前,操作人、监护人应先在模拟图上按照操作票所列的顺序逐项唱票预演,再次对操作票的正确性进行核对,并相互提醒操作的注意事项。

⑥ 核对设备。在到达操作现场后,操作人应先站准位置,核对设备名称和编号,监护人核对操作人所站的位置、操作设备名称及编号是否正确无误。在检查核对后,操作人穿戴好防护用品,眼看编号,准备操作。

⑦ 唱票操作。当操作人准备就绪时,监护人按照操作票上的顺序高声唱票,每次只准唱一步。严禁凭记忆不看操作票唱票,严禁看编号唱票。此时操作人应仔细听监护人唱票并看准编号,核对监护人所发命令的正确性。当操作人认为无误时,开始高声复诵并用手指向编号,做出操作手势。严禁操作人不看编号凭感觉复诵。在监护人认为操作人复诵正确,两人一致认为无误后,监护人发出"对,执行"的命令,操作人方可进行操作并记录操作开始时间。

⑧ 检查。在每一步操作完毕后,监护人在操作票上打一个"√"号,同时操作人、监护人应到现场检查操作的正确性,如检查设备的机械指示、信号指示灯、表、计变化情况等,用以确定设备的实际分合位置。监护人勾票后,应告诉操作人下一步的操作内容。

⑨ 汇报。在操作结束后,应检查所有操作步骤是否全部执行,然后由监护人在操作票上填写操作结束时间,并向值班负责人汇报。对已执行的操作票,在工作日志和操作记录本上做好记录,并将操作票归档保存。

⑩ 复查评价。变电站值班负责人要召集全班,对本班已执行完毕的各项操作进行复查,评价总结经验。

2. 操作票的填写

倒闸操作要执行操作票制度和监护制度,倒闸操作由操作人填写操作票。倒闸操作票示例如图 3-2 所示。

编号：

操作开始时间：×年×月×日×时×分		操作结束时间：×年×月×日×时×分
操作任务：WL 电源进线送电		
	顺　序	操作项目
√	1	拆除线路端及接地端接地线，拆除标示牌
√	2	检查 WL1、WL2 进线所有开关(含××母联隔离开关)均在断开位置
√	3	依次合 NO 102 隔离开关，NO 101 1#、2# 隔离开关，NO 102 高压断路器
√	4	合 NO 103 隔离开关，合 NO 110 隔离开关
√	5	依次合 NO 104～NO 109 隔离开关，依次合 NO 104～NO 109 高压断路器
√	6	合 NO 201 刀开关，合 NO 201 低压断路器
√	7	检查低压母线电压是否正常
√	8	合 NO 202 刀开关，依次合 NO 202～NO 206 低压断路器或刀熔开关
备注：		

操作人：××　　　监护人：××　　　值班负责人：××　　　值班长：××

图 3-2　倒闸操作票示例

当执行某一操作任务时，首先要掌握电气接线的运行方式、保护的配置、电源及负荷的功率分布情况，然后依据任务的内容填写操作票。操作项目要全面、顺序要合理，以保证操作正确、安全。

图 3-3 为某 66 kV/10 kV 变电站的电气主接线图。欲停电检修 101 断路器，填写 10 kV 1 段 WL1 线路停电倒闸操作票如图 3-4 所示。

图 3-3 中 101 断路器检修完毕、恢复 WL1 线路送电的操作要与 WL1 线路停电操作的操作顺序相反。但应注意送电倒闸操作票与图 3-4 略有不同，其第 1 项应是"收回操作票"；第 2 项应是"检查并确认 WL1 线路上 101 断路器至 101 甲隔离开关间的一组 2 号接地线和 WL1 线路上 101 断路器至 101 乙隔离开关间，一组 1 号接地线已拆除"或"检查并确认 1 号、2 号共两组接地线已拆除"；从第 3 项开始按停电操作票的相反顺序填写。

3. 变电站的送电和停电的操作顺序

(1) 送电操作顺序
从电源侧的开关合起，依次合到负荷侧的开关。
① 合母线侧隔离开关或刀开关。

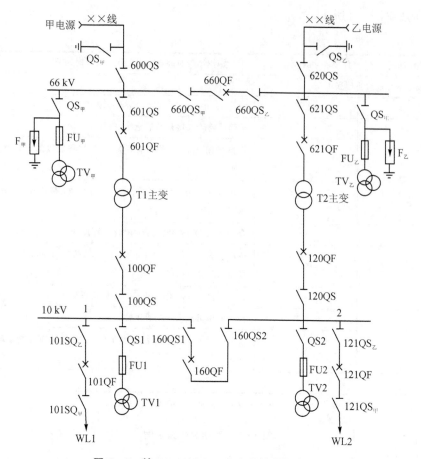

图 3 - 3　某 66 kV/10 kV 变电站的电气主接线

② 合负荷侧隔离开关或刀开关。

③ 合高压或低压断路器。

（2）停电操作顺序

从负荷侧的开关拉起，依次拉到电源侧的开关。

① 拉高压或低压断路器。

② 拉负荷侧隔离开关或刀开关。

③ 拉母线侧隔离开关或刀开关。

4. 变电站送电和停电的操作注意事项

① 当在雨天操作室外高压设备时，绝缘棒应有防雨罩，值班员还应穿绝缘靴。雷雨天一般不进行倒闸操作。

② 当发生人身触电事故时，可不经许可立即断开有关设备的电源，但事后必须立即向上级报告。

编号：

操作开始时间：×年×月×日×时×分		操作结束时间：×年×月×日×时×分
操作任务：10 kV1 段 WL1 线路停电		
	顺　序	操作项目
	1	拉开 WL1 线路 101 断路器
	2	检查并确认 WL1 线路 101 断路器在开位、开关盘表计指示 0 A
	3	取下 WL1 线路 101 断路器操作直流保险
	4	拉开 WL1 线路 101 甲隔离开关
	5	检查并确认 WL1 线路 101 甲隔离开关在开位
	6	拉开 WL1 线路 101 乙隔离开关
	7	检查并确认 WL1 线路 101 乙隔离开关在开位
	8	停用 WL1 线路保护跳闸压板
	9	在 WL1 线路 101 断路器至 101 乙隔离开关间三相验电确定无电压
	10	在 WL1 线路 101 断路器至 101 乙隔离开关间装设一组 1 号接地线
	11	在 WL1 线路 101 断路器至 101 甲隔离开关间三相验电确定无电压
	12	在 WL1 线路 101 断路器至 101 甲隔离关间装设一组 2 号接地线
	13	全面检查

操作人：×× 　　监护人：×× 　　值班负责人：×× 　　值班长：××

图 3－4　10 kV 1 段 WL1 线路停电倒闸操作票

任务 3.4　电气安全

电能的应用日益广泛,给人们的生活带来很多便利,但用电事故的频繁发生也给人们的生命财产安全带来极大的危害。人们只有了解安全用电常识、掌握安全用电操作,才能在电气设备的安装和使用过程中有效防止事故的发生。

3.4.1　触电的概念与种类

所谓触电,就是人体直接或间接触及电力线路或电气设备的带电部分,电流通过人体构成回路,使人身受到不同程度伤害的电气事故。

在多种类型的触电事故中,最为严重的是电击。电击是指电流通过人体内部,使组织细胞受到破坏,引起心脏、呼吸系统以及神经系统麻痹。严重的电击将会直接危及人的生命。

除了电击之外,还有电伤。电伤一般发生在带电拉闸和负载短路的情况。当负载电流很大且为感性负载时,带负载切断电源会使闸刀触头产生很大的电弧,若未加灭弧装置或灭弧装置的性能不好,则会使触头熔化形成金属蒸气,喷到操作人员的手上或脸上造成电伤。

3.4.2 影响触电伤害程度的因素

触电总是威胁着触电者的生命安全,其伤害程度与下列因素有关:

1. 通过人体的电流

概括地说,通过人体的电流越大,触电对人体造成的伤害越大。不同大小的电流通过人体会产生什么样的效应呢?微弱的电流通过人体不会使人有所感觉。人体开始有触电感觉的电流称为感知电流。不同的人有不同的感知电流,人的感知电流在 0.5～1 mA。女性比男性对电流更为敏感,其感知电流比男性约低 30%。

在触电以后,人在主观意识上能够自主摆脱电源的最大电流称为摆脱电流。当然,不同的人也有不同的摆脱电流,成年男性的摆脱电流在 9 mA 左右,成年女性的摆脱电流则为 6 mA 左右。电流达到 20 mA 就会使人的肌肉收缩,导致呼吸困难;电流达到 50 mA 就会引起心室纤维性颤动,导致体内供血中断,有死亡的危险。能够在较短的时间内导致死亡的最小电流称为致命电流。显然,超过 50 mA 的电流是触电致死的主要原因。因此,一般认为引起心室颤动的电流就是致命电流。

当有 200～1 000 mA 的电流较长时间通过人体时,就会产生烧灼效应。

2. 通过人体的电压

从人体触电的导电回路来看,人体相当于一个电阻。根据欧姆定律,如果有电压作用于人体,就会产生电流。电压越高,流过人体的电流越大,对人体的伤害也越严重。

家庭用电的电源大多取自电网,一般都是 220 V/50 Hz 的交流电。若人体电阻为 1 000 Ω,则可以算出流过人体的电流为 220 mA,只要电流持续时间超过 1 s,人就会有生命危险。因此,在家庭中导致人身触电伤害的主要是市电 220 V 交流电压。当检修电气设备时,电子技术人员可能会接触到比 220 V 高得多的电压,例如高压电容器放电(已脱离电源的电视机高压放电等),但由于这不是持续高压,且能量很小,因此一般不会导致生命危险。

当作用于人体的电压低于一定数值时,就不会对各组织和器官造成任何伤害,这个电压称为安全电压。我国规定,低于 36 V 的电压为安全工作电压。如果环境完全干燥、工作条件较好,那么 36 V 工频交流电压作用于人体也不会对人体造成任何伤害。在环境恶劣、空间狭窄、湿度相对较大的工作场所,应该选择 12 V,甚至 6 V 的安全电压。

国家标准规定,我国安全电压等级为 65 V、42 V、36 V、24 V、12 V、6 V。根据工作场所选择安全电压等级见表 3-1 所列。

表 3-1　根据工作场所选择安全电压等级

安全电压 (交流有效值)/V	工作场所举例	安全电压 (交流有效值)/V	工作场所举例
65	干燥无粉尘环境	12	特别潮湿或有蒸气游离物等及其他危险的环境
42	有触电危险场所(使用手提电动工具)		
36	矿井(当有较多导电粉尘时使用行灯等)	6	

3. 电流作用时间的长短

电流通过人体时间的长短与对人体的伤害程度有着密切的关系。人体处于电流作用下,时间愈短,获救的可能性越大;时间愈长,电流对人体机能的破坏越大,获救的可能性也就越小。

当人手触电时,由于电流的刺激,手会由痉挛到麻痹。即使大脑发出抽回手的指令,手也无法执行这一指令。调查表明,绝大多数触电死亡者都是手的掌心或手指与掌心的同侧部位触电。当刚触电时,手因条件反射而弯曲,而弯曲的方向恰好使手不自觉地握住导线,从而加长了触电时间,手很快地痉挛以致麻痹。这时即使想到要松开手指、抽回手臂已不可能,形似被"吸住"了。若触电时间再长一点,则人的中枢神经都已麻痹,就更不会抽手了。这些过程都是在较短的时间内发生的。

对于一般的民用电,若手的背面触电,则不容易导致死亡。有经验的电工为了判断用电器是否漏电而当手边又无电笔时,有时就用食指指甲轻触用电器外壳,若漏电,则食指将因条件反射而弯曲,弯曲的方向又恰是脱离用电器的方向。这样触电时间很短,不致有危险。当然,若电压很高,则这样做也会发生危险。

4. 频率的高低

一般来说,工频 50～60 Hz 对人体是最危险的。从电击观点来看,高频率(500 kHz以上)对人体是较为安全的,但高频率电流灼伤的危险性并不比直流电压和工频交流电的危险性小。此外,无线电设备和用于淬火、烘干、熔炼的高频电气设备能辐射出波长为 1～5 cm 的电磁波,这种电磁波能引起人体体温升高、身体疲乏、全身无力和头痛、失眠等病症。

5. 电流通过人体的路径

当电流通过人体时,可灼伤表皮,并能刺激神经、破坏心脏及呼吸器官的机能。如果电流通过人体的路径是从手到脚或从手到手,则当中间经过重要器官(心脏)时最为危险;如果电流通过人体的路径是从脚到脚,则危险性较小。

6. 人体的电阻

当人体接触带电体时,人体就被当作一个电路元件接入回路。如前所述,在相同电压的作用下,人体的电阻不同,通过人体的电流大小也各不相同。

人体电阻包括体内电阻和皮肤电阻两部分。体内电阻相对来说比较稳定,而皮肤电阻受多种因素影响,变化范围很大。

一般认为,一只手臂或一条腿的电阻大约为 500 Ω。因此,由一只手臂到另一只手臂或由一条腿到另一条腿的通路相当于一只 1 000 Ω 的电阻。假定一个人用双手握紧一个带电体,双脚站在水坑里而形成导电回路,这时人体电阻基本上就是体内电阻,约为 500 Ω。一般情况下,人体电阻可按 1 000~2 000 Ω 考虑。

影响人体电阻的因素主要有皮肤角质层的厚度和完好程度、皮肤干湿程度、皮肤接触带电体的面积和接触压力等。若皮肤潮湿、带有导电粉尘、与带电体的接触面积和压力大,则人体电阻都会显著降低。

7. 人体体质状况

人体是导电的,当触电后电压加到人体上时,人体就有电流通过。这个电流与人体体质状况有关。在同样的条件下,人的身体状况不同,触电的危险性也会有明显差异。体弱、行动不便、患有心脏病的触电者,触电受到的伤害会更大。儿童的摆脱电流低,触电的危险性比成人要大得多。

3.4.3　人体触电的形式

1. 单相触电

人体的一部分与一根带电相线接触,同时另一部分又与大地(或中性线)接触而造成的触电称为单相触电(见图 3-5)。单相触电是最常见的一种触电形式,以下 5 种情况都能导致单相触电:

① 相线的绝缘层被破坏,其裸露处直接接触人体、其他导体,或间接接触人体。

② 湿手触开关或浴室触电(潮湿的空气导电、不纯的水导电)。

③ 家用电器外壳未按要求接地,其内部相线绝缘层破损并接触外壳,或家用电器漏电,使外壳带电。

④ 人站在绝缘物体上用一只手触摸相线,用另一只手扶墙或其他接地导体或站在地上的人扶他。

⑤ 人站在木桌、木椅上触摸相线,而木桌、木椅因潮湿等原因转化为导体。

2. 两相触电

人体的不同部位同时接触两根带电相线时的触电称为两相触电(见图 3-5)。这种触电的电压高,危险性大。

3. 高压触电

高压带电体不但不能接触,而且不能靠近。高压触电有两种:

(1) 电弧触电

电弧触电是指当人与高压带电体的距离到一定值时,高压带电体与人体之间会发生放电现象,导致触电。

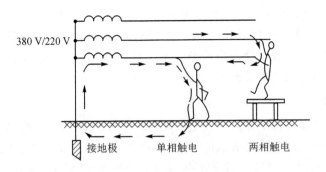

图 3-5　单相触电和两相触电

（2）跨步电压触电

电力线落地后会在导线周围形成一个电场,电位的分布以接地点为圆心逐步降低。当有人跨入这个区域时,两脚之间的电位差会使人触电(见图 3-6),这个电压称为跨步电压。通常高压线形成的跨步电压对人有较大危险。如果误入接地点附近,则应双脚并拢或单脚跳出危险区,一般在 20 m 以外,跨步电压就降为零了。

高压触电比 220 V 电压触电更危险,当看到"高压危险"的标志时,一定不能靠近它。室外天线必须远离高压线,不能在高压线附近放风筝、捉蜻蜓、钓鱼、爬电杆等。

而小鸟落在电线上(见图 3-7)为什么不会触电? 因为小鸟站在一根电线上,相线、接地线没有同时加在小鸟的两个部位上,而且站在同一根电线上的小鸟的两只脚之间不会有电压存在,也就不会有电流从它身上通过,所以小鸟不会触电。

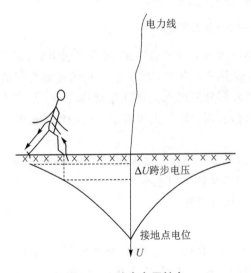

图 3-6　跨步电压触电

图 3-7　小鸟落在电线上

3.4.4　保护接地与保护接零

在日常生活中,人们使用着各种各样的家用电器,如电视机、电冰箱、洗衣机、电风扇、微波炉等,它们都直接由 220 V 市电供电。这些电器的金属外壳平时是不带电的,但是在使用中由于导体绝缘破损、严重受潮或其他原因,外壳有可能带电并出现危险的对地电压,人体一旦触及就会发生触电事故。为了保障人身安全,供配电系统采取了可靠的安全措施,应用最为普遍的就是保护接地和保护接零。

1. 保护接地

图 3-8 为三相电源中性点不接地系统的示意图,虽然供电线路与大地没有直接相连,但导线与大地之间存在电容效应,这个等效电容称为分布电容。供电线路越长,分布电容越大,对工频(50 Hz)产生的容抗越小。由图 3-8 可见,当电器发生漏电时,电流将通过人体、大地、分布电容构成回路,造成人身触电事故。

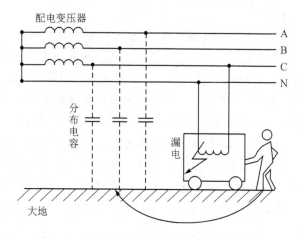

图 3-8 三相电源中性点不接地系统的示意图

将电器的金属外壳通过接地线和接地体与大地进行可靠连接,当发生触电时,人体电阻 R_r 将与接地电阻 R_d 并联,人体电阻在较低时约为 1 000 Ω,而合格的接地装置的接地电阻应低于 4 Ω,显然 R_r 远大于 R_d,绝大部分漏电电流将从接地电阻 R_d 上分流而过,通过人体的电流会远远小于安全电流值,从而保障了人身安全。这种保护措施称为保护接地(见图 3-9)。

接地装置由接地体和接地线两部分组成,人工接地体通常采用钢管或角钢等材料,并打入地下 4 m 以上,接地线用扁钢或圆钢与接地体电焊连接。

需要强调的是,保护接地仅适于中性点不接地电网。

2. 保护接零

目前,在大多数三相四线制供配电系统中,三相电源(发电机、配电变压器)的中性点都通过接地线和接地体与大地进行了可靠的连接。此时,电器的金属外壳并不直接接地,而是连接在中性线上,如图 3-10 所示。这种保护措施称为保护接零。

由图 3-10 可见,当电器发生漏电时,相线通过漏电的金属外壳与中性线相通构成回路。由于这一回路的电阻很小,漏电电流很大,因此会使接在相线上的熔丝熔断或引起自动开关跳闸,及时切断故障设备的电源,从而确保人身安全。

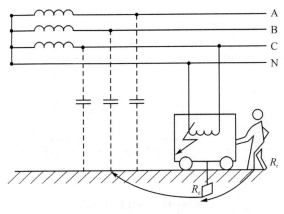

图 3 - 9　保护接地

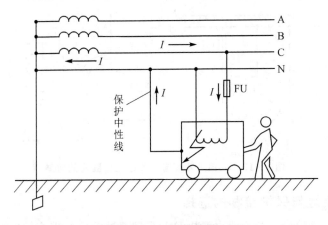

图 3 - 10　保护接零

在保护接零系统中,一旦中性线断开,不但不能起到触电保护作用,而且当三相负载不平衡时,还会引起各相电压不相等:有的低于 220 V,使负载不能正常工作;有的高于 220 V,会将这一相所接的电器烧毁,造成"群爆"事故。为此,在供配电系统中采取了多点重复接地措施,如图 3 - 11 所示。

在正常情况下,重复接地电阻 R_c 与中性点接地电阻 R_0 并联,使接零系统的电阻减小,进一步提高了保护能力。当中性线断开时,故障电流又会通过重复接地电阻 R_c 构成回路,使熔丝及时熔断,起到漏电保护作用。

家用电器采用保护接零需要注意以下 3 点:

① 中性线上不允许装设开关和熔丝。

② 当接装单相三孔插座时,应按图 3 - 12(a)所示进行接线,即面对插座,左边应接工作中性线 N,右边接相线 L,上边接保护线 PE。保护线必须单独接在中性线干线上,绝不允许在插座内将保护线 PE 与工作接线 N 短接。

③ 当接装电器的单相三极插头时,必须使用三芯软线,将电器的金属外壳接在插头的上部 E 端、相线接在 L 端、工作中性线接在 N 端,如图 3 - 12(b)所示。

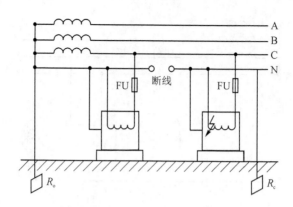

图 3-11 多点重复接地

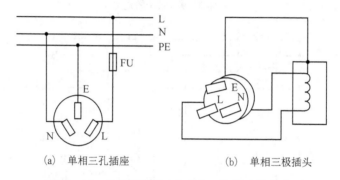

(a) 单相三孔插座   (b) 单相三极插头

图 3-12 单相三孔插座与单相三极插头的接装

3. 保护接地与保护接零的选择

在中性点不接地的三相交流电源中只能采用保护接地的措施。这种保护的原理在于漏电压几乎都将落在电源对地的分布电容上,使得机壳与地之间的漏电压极小。

在中性点接地的三相交流电路(如低压配电线路)中,如果采用保护接地措施,则当发生绝缘损坏并使机壳带电时,两地之间会有短路电流通过,如图 3-13 所示。其短路电流为

$$I_{地} = \frac{220\ \text{V}}{4\ \Omega \times 2} = 27.5\ \text{A}$$

由于这个短路电流不够大,因此可能不会使熔断器熔断。尽管保护接地电阻只有 4 Ω,但该电流还是会在地与机壳之间形成 110 V 高压电,如果人体触及就会酿成触电事故。因此,必须采用保护接零措施。

必须指出的是,在同一个供配电系统中不允许保护接零与保护接地混合使用。因为当接地处设备的外壳碰线时,该设备的外壳与相邻接零设备的外壳之间具有相电压为 U_p 的电位差,如图 3-14 所示。当保护接地设备发生单相碰壳短路时,将使中性线电位升高,使保护接零的电器外壳带很高的电压,人若同时接触这两台设备的外壳,则将承受很高的相电压,这是非常危险的。

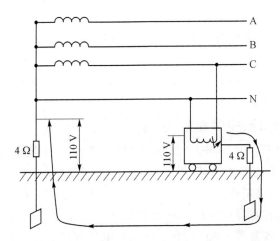

图 3 - 13　中性点接地的三相电路不能采用保护接地

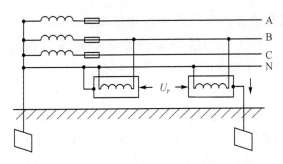

图 3 - 14　保护接零与保护接地不能混合使用

　　另外,在三相交流电中,三根相线(L1、L2、L3)一般用黄、绿、红三种颜色表示,中性线(N)用蓝色表示,保护线(PE)用黄、绿双色表示。采用保护接零的低压供配电系统均是三相五线制供配电的应用范围。国家有关部门已作出规定,对于新建、扩建、企事业、商业、居民住宅、智能建筑、基建施工现场及临时线路,实行三相五线制供配电方式。

3.4.5　安全用电的一般措施

1. 严格执行安全工作规程

(1) 电气工作人员必须具备的条件

① 经医生鉴定无妨碍工作的病症(每两年体检一次)。

② 具备必要的电气知识和业务技能,并经考试合格。

③ 具备必要的安全生产知识,要学会触电急救。

(2) 保证安全距离

当工作人员在 10 kV 及以下电气设备上工作时,人体与带电体之间的安全距离不得小于 0.35 m。

(3) 在高压设备上工作的要求

① 工作要求:(a) 填写工作票;(b) 至少两个人在一起工作;(c) 遵守组织措施和

技术措施。

② 组织措施：(a) 工作票制度；(b) 工作许可证制度；(c) 工作监护制度及工作间断、转移和终结制度。

③ 技术措施：(a) 停电；(b) 验电；(c) 装设接地线；(d) 悬挂标示牌和装设遮栏（围栏）。

2. 严格遵循设计、安装规范

供配电设计执行 GB 50052—2009《供配电系统设计规范》、GB 50053—1994《10 kV 及以下变电所设计规范》、GB 50054—1995《低压配电设计规范》及 GB 50096—1999《住宅设计规范》等规范。

供配电工程的安装执行 GBJ 148—1990《电气装置安装工程电力变压器、油浸电抗器、互感器施工及验收规范》、GB 50168—2006《电气装置安装工程电缆线路施工及验收规范》等规范。

3. 加强供配电设备的运行维护和检修试验工作

遵循 GB 37136—2018《电力用户供配电设施运行维护规范》、GB 50150—2006《电气装置安装工程电气设备交接试验标准》的有关规定。

4. 按规定采用电气安全用具

电气安全用具有绝缘棒、绝缘手套、绝缘靴、绝缘地毯、绝缘垫台、高压验电器、低压试电笔、临时接地线及各种标示牌等。各种标示牌的标示内容与悬挂处所见表 3-2 所列。

表 3-2　各种标示牌的标示内容与悬挂处所

标示内容	悬挂处所
禁止合闸,有人工作!	一经合闸即可送电到施工设备的断路器和隔离开关操作把手上
禁止合闸,线路有人工作!	线路断路器和隔离开关操作把手上
禁止分闸!	接地刀闸与检修设备之间的断路器操作把手上
在此工作!	工作地点或检修设备上
止步,高压危险!	施工地点邻近带电设备的遮栏上;室外工作地点的遮栏上;禁止通行的过道上;高压试验地点;室外架构上;工作地点邻近带电设备的横梁上
从此上下!	工作人员可以上下的铁架、爬梯上
禁止攀登,高压危险!	高压配电装置架构的爬梯上,变压器、电抗器等设备的爬梯上

5. 普及安全用电常识

① 照明用电的相线与中性线之间的电压是 220 V,绝不能同时接触相线与中性线。因为中性线是接地的,所以相线与大地之间的电压也是 220 V,一定不能在与大地连通的情况下接触相线。

② 开关要接在相线上,避免当打开开关时中性线与接地点断开。

③ 当安装螺口灯的灯口时,相线接中心、中性线接外皮。

④ 室内电线不要与其他金属导体接触,不在电线上晾衣物、挂物品,当电线老化、破损时要及时修复。

⑤ 不用湿手扳开关、换灯泡,插、拔插头。

⑥ 不站在潮湿的桌椅上接触相线。

⑦ 在接触电线前,先把总电闸拉开,当不得不带电操作时,要注意与地绝缘,先用测电笔检测接触处是否与相线连通,并尽可能单手操作。

⑧ 必须对各种家用电器的金属外壳采用保护接零措施。

⑨ 随时检查电器内部电路与外壳间的绝缘电阻,凡是绝缘电阻不符合要求的,应立即停止使用。在使用电器前要仔细察看电源线及插头。

⑩ 室内线路及临时线路的导线截面应符合要求,使用的导线种类及敷设工艺应符合规范要求。

⑪ 各种电气设备的安装必须按照规定的高度和距离施工,相线与中性线的接线位置要符合用电规范。

⑫ 刀开关的电源进线必须接静触头,保证拉闸后线路不带电。刀开关须垂直安装,并使静触头在上方,以免拉闸后自动闭合造成意外。

⑬ 低压电路应采取停电检修安全工作方式,检修前在相线上装好临时接地线,或在拉闸处挂上标示牌,或拔去熔丝上盖并随身带走,防止误合闸。当操作时,应视同带电操作。

目前,在新建配电箱中的电能表的后面(负荷侧)都装设了带有漏电保护器的自动开关(也称漏电保护开关),取代传统的瓷闸盒和熔丝。这种新型的自动开关除了能方便地通过手动接通和切断电源外,还具有漏电保护、短路保护、过载保护和欠压保护等功能。其中,漏电保护器是一种最为有效的防止触电事故的电气保护安全装置。一旦家用电器或线路出现漏电,只要人体接触带电部分,漏电保护器就会在极短的时间内切断电源,避免人身受到电击的伤害。

6. 正确处理电气火灾事故

(1) 电气设备失火的特点

① 失火的电气设备可能带电,灭火时要先断电源。

② 失火的电气设备可能爆炸,火势蔓延迅速。

(2) 带电灭火的措施和注意事项

① 应使用二氧化碳灭火器、干粉灭火器或 1211 灭火器等(不导电)。

② 不能用泡沫灭火器及水灭火(导电)。

③ 可使用干砂覆盖进行带电灭火。

④ 当带电灭火时,应采取防触电的可靠措施。

7. 触电急救知识和方法

对触电者的现场急救,如果处理及时、正确,则因触电而呈假死的人就有可能获救。

（1）脱离电源

脱离电源就是将触电者接触的那一部分带电设备的电源开关断开，或者设法使触电者与带电设备脱离。当脱离电源时，救护人既要救人，又要注意保护自己。

1）触电者触及低压带电设备

① 拉开电源开关或拔下电源插头。

② 使用绝缘物体使触电者脱离电源。

2）触电者触及高压带电设备

① 救护人应立即通知有关供电单位或用户停电。

② 迅速用相应电压等级的绝缘工具按规定要求拉开电源开关或熔断器。

③ 抛掷先接好地的裸金属线使高压线路短路接地，迫使线路的保护装置动作，断开电源，但当抛掷短接线时一定要注意安全。在抛出短接线后，要迅速离开短接线接地点 8 m 以外，或双脚并拢以防跨步电压伤人。

（2）急救处理

① 在触电者脱离电源后，应立即根据其具体情况对症救治，同时通知医生前来抢救。

② 如果触电者神志尚清醒，则应使之就地躺平，或将触电者抬至空气新鲜、通风良好的地方让触电者躺下，严密观察，暂时不要让触电者站立或走动。

③ 如果触电者已神志不清，则应使之就地仰面躺平，并对触电者进行呼叫，以判定触电者是否意识丧失。禁止摇动触电者头部呼叫触电者。

④ 如果触电者已失去知觉、停止呼吸，但心脏微有跳动，则应在通畅气道后，立即对触电者施行口对口或口对鼻的人工呼吸。

⑤ 如果触电者伤势相当严重，心跳和呼吸均已停止，且完全失去知觉，则应在通畅气道后，立即对触电者同时进行口对口或口对鼻的人工呼吸和胸外按压心脏的人工循环。

如果现场仅有一人抢救，则可交替进行人工呼吸和人工循环。先胸外按压心脏4～8 次，口对口或口对鼻吹气 2～3 次；再按压心脏 4～8 次，口对口或口对鼻吹气 2～3 次。如此循环反复进行。

在急救过程中，人工呼吸和人工循环的措施必须坚持进行。在医生未来接替救治前，不应放弃现场抢救，更不能只根据没有呼吸和心跳就擅自判定触电者死亡而放弃抢救。只有医生有权做出触电者死亡的论断。

（3）人工呼吸法

① 迅速解开触电者的衣服、裤带，松开其上身的紧身衣等，使其胸部能自由扩张，不致妨碍呼吸。

② 应使触电者仰卧（不垫枕头）、头先侧向一边，清除其口腔内的血块、假牙及其他异物。如果其舌根下陷，则应将舌根拉出，使气道畅通。如果触电者牙关紧闭，则可用开口钳、小木片、金属片等，小心地从口角伸入牙缝撬开牙齿，清除口腔内异物。然后将其头扳正，使之尽量后仰，鼻孔朝天，使气道畅通。

③ 救护人位于触电者一侧,用一只手捏紧其鼻孔,使它不漏气;用另一只手将触电者的下颏拉向前下方,使其嘴巴张开。可在其嘴巴上盖一层纱布,准备进行吹气。

④ 救护人在做深呼吸后,紧贴触电者嘴巴大口吹气(见图 3－15(a))。如果掰不开嘴巴,也可捏紧触电者的嘴巴,紧贴鼻孔吹气。当吹气时,要使其胸部膨胀。

⑤ 当救护人吹完气换气时,应立即离开触电者的嘴巴(或鼻孔)并放松紧捏的鼻孔(或嘴巴),让触电者自由排气(见图 3－15(b)),每分钟约 12 次。

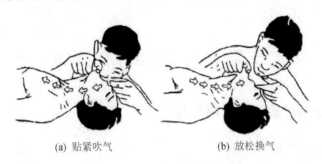

(a) 贴紧吹气　　　　　　　(b) 放松换气

图 3－15　口对口吹气的人工呼吸法

(4) 胸外按压心脏的人工循环法

① 解开触电者的衣服、裤带,松开其上身的紧身衣等,并清除口腔内异物,使气道畅通。

② 使触电者仰卧。

③ 救护人位于触电者一侧,最好是跨腰跪在触电者腰部,两手相叠(对儿童可只用一只手),手掌根部放在其心窝稍高一点的地方,如图 3－16 所示。

④ 救护人在找到触电者的正确压点后,自上而下、垂直均衡地用力向下按压(见图 3－17(a)),压出心脏里面的血液。对于儿童,用力应适当小一些。

⑤ 在按压后,掌根迅速放松(但手掌不要离开胸部),使触电者胸部自动复原、心脏扩张,血液又回流到心脏(见图 3－17(b))。

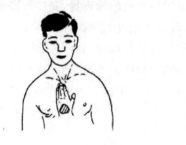

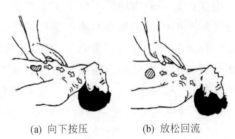

(a) 向下按压　　　(b) 放松回流

图 3－16　胸外按压心脏的正确压点　　图 3－17　胸外按压心脏的人工循环法

按照上述操作要求对触电者的心脏反复地进行按压和放松,每分钟约 60 次。当按压时,定位要准确,用力要适当。

项目 4　供配电系统继电保护与自动装置

任务 4.1　继电保护概述

4.1.1　继电保护的基本原理与要求

1. 继电保护的基本原理

由于自然条件（如雷击等）、电气元器件（如变压器、电力电容器、电动机等）制造质量、运行维护诸方面的因素，电力系统出现各种故障或异常运行状态是不可完全避免的，因此应设置必要的保护装置。保护就是在电力系统中检出故障或其他异常情况，从而切除故障、终止异常情况、发出信号或指示。因为在其发展过程中曾主要用有触点的继电器来构成保护装置，所以又称它为继电保护。

电力系统故障的一个显著特征是电流剧增，从电动力和热效应等方面损坏电气设备。反映电流剧增这一特征的继电保护就是过电流保护。电力系统故障的另一个特征是电压锐减，相应的继电保护就是欠电压保护。同时反映电压降低和电流增加的一种继电保护就是阻抗（距离）保护，它以阻抗降低多少反映故障点距离的远近，决定动作与否。为了更确切地区分正常运行状态与故障（或异常）状态，可以利用正常运行时电气量很小或没有，而故障状态时电气量却很大进行甄别，如负序或零序的电流、电压和功率。继电保护利用的物理量不仅限于电气量，也包括其他的物理量，如变压器油箱内部故障时伴随产生的大量瓦斯和油流速度的增大或油压强度的增高等。

继电保护装置主要由测量部分、逻辑部分和执行部分构成，其原理如图 4-1 所示。测量部分负责测量被保护设备或元器件的状态量，并和给定的整定值进行比较，从而判断继电保护是否应该起动。逻辑部分根据测量部分各输出量的大小、性质、开关量的状态等，按一定的逻辑关系确定继电保护应有的动作行为。执行部分根据逻辑部分传送

图 4-1　继电保护装置的原理

88

的信号,完成继电保护装置的任务,如发出报警信号、跳闸或起动等。

2. 对继电保护性能的要求

继电保护应满足速动性、选择性、灵敏性和可靠性(简称"四性")的要求,如图 4-2 所示。

(1) 速动性

继电保护的速动性是指继电保护装置应能尽快地切除短路故障,其目的是提高系统稳定性、减轻故障设备和线路的损坏程度、缩小故障波及范围等。目前,继电保护动作速度最快的约一个周期(0.02 s),个别情况下也有半个周期的。

(2) 选择性

继电保护的选择性是指当电力系统发生故障时,继电保护装置仅将故障

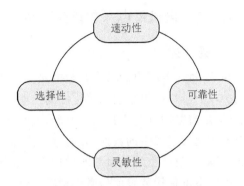

图 4-2　继电保护的"四性"要求

元器件切除,而使非故障元器件仍能正常运行,以尽量缩小停电范围。为保证选择性,对相邻设备、线路有配合要求等情况的继电保护装置,其动作参数和延时时间应相互配合。

(3) 灵敏性

继电保护的灵敏性是指在规定的保护范围内对故障情况的反应能力。满足灵敏性要求的继电保护装置应当在区内故障时,不论短路点的位置与短路的类型如何,都能灵敏且正确地反应。

(4) 可靠性

继电保护的可靠性是指当被保护设备发生故障或处于不正常工作状态时,继电保护装置能可靠地动作,即不发生拒动。而当电力系统正常运行时,继电保护装置应可靠地不动作,即不发生误动作。

上述"四性"之间既有机联系,又相互制约,特别是可靠性和灵敏性、选择性和速动性之间应统筹兼顾。在实际工作中,要根据电网的结构和用户的性质辩证地进行统一。

3. 继电保护的分类

电力系统中的电气设备和电力线路应装设防止短路故障和异常运行的继电保护装置。继电保护主要包括主保护和后备保护,必要时可增设辅助保护。

主保护是指反映被保护设备或线路本身的故障,并能以尽可能短的时限有选择地切除故障的第一线保护。

后备保护是指当主保护或断路器拒动时,用其他继电保护切除故障的保护。后备保护又分为远后备保护和近后备保护两种方式。远后备保护是指当主保护或断路器拒

动时,由相邻电气设备或电力线路的继电保护实现后备保护。近后备保护是指当主保护拒动时,由该电气设备或电力线路的另一套继电保护实现后备保护。

辅助保护是指为补充主保护和后备保护的性能或当主保护和后备保护退出运行时而增设的简单保护。

4.1.2 微机继电保护及其应用

1. 概　述

在 20 世纪 50 年代及以前,继电保护的实现主要采用电磁性的机械元器件。在 20 世纪 70 年代以后,由集成电路构成的继电保护装置得到了广泛应用。在 20 世纪 80 年代以后,随着微型计算机技术的发展,人们成功地利用微型计算机系统采集和处理来自电力系统运行过程中的数据,并通过数值计算迅速而准确地判断系统中发生故障的性质和范围,经过严密的逻辑判断过程后有选择性地发出各项指令。这种基于微型计算机系统的继电保护装置就是微机型继电保护,简称微机保护。

与机电式或电子元器件构成的模拟式继电保护相比,微机继电保护可充分利用和发挥计算机的存储记忆、逻辑判断和数值运算等信息处理功能,在应用软件的配合下,有极强的综合分析与判断能力,可以实现模拟式继电保护装置很难做到的自动识别、排除干扰、防止误动作的功能,因此可靠性很高。另外,由于微机继电保护的特性主要是由软件决定的,因此保护的动作特性和功能可以通过改变软件程序获取,具有较大的灵活性,保护性能的选择和调试都很方便。同时,微机继电保护具有较完善的通信功能,便于构成综合自动化系统,提高系统运行的自动化水平。目前,微机继电保护在我国电力系统中应用非常广泛。

2. 微机继电保护的硬件

微机继电保护的硬件主要由微型计算机主系统、模拟量数据采集系统、开关量输入/输出系统和人机接口四部分组成,如图 4-3 所示。

电力系统的电气量(包括三相电流、电压和零序电流、电压等)先通过互感器的变送和隔离,再经过电压形成、模拟滤波转换为计算机设备所允许的电压信号(如±5 V 范围内的交流电压),然后在中央处理器(CPU)控制下进行采样和模数(A/D)转换,读入主存储器中。

需要输入的开关量(如各种开关的状态等)经过隔离屏蔽,可以直接读入主存储器。需要输出的开关量(如保护跳闸出口以及报警信号等)也经过光电隔离后输出。

微型计算机主系统根据采集到的电力系统的数字化的电气量和开关量,经过数字滤波(滤除不需要的随机干扰分量)和计算,判断被保护设备所处的运行状态(如是否发生短路故障),并决定是否发出跳闸命令或进行重合闸等。这是微型计算机主系统的首要任务。

人机接口用于实现机间通信、输入整定值等监控功能,以及显示、打印等信息输出功能。

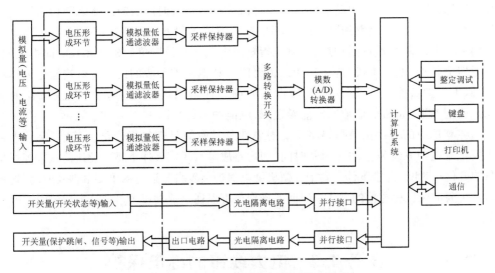

图 4 - 3　微机继电保护硬件的基本构成

3. 微机继电保护的基本操作

微机继电保护设备的种类较多,但在操作方面却有很大的相似性,主要包括电量监视、参数设置、事件记录等。图 4 - 4 为某厂家微机线路保护装置显示屏中的菜单结构,菜单采用树状结构,清晰直观,可通过保护装置的按键进行界面切换。

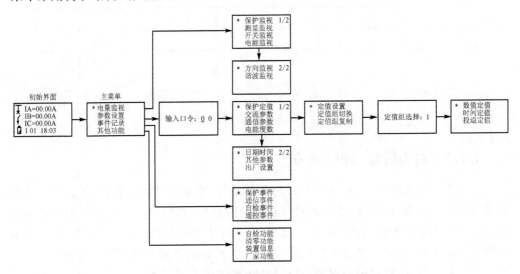

图 4 - 4　某厂家微机线路保护装置显示屏中的菜单结构

主菜单中的电量监视向操作员呈现了电力系统中该节点的运行工况,主要包括各保护电量(如保护电压、电流等)、各测量电量(如测量电压、电流等)、各开关状态(如断路器的合位、跳位等)、电能量、各相的方向、谐波情况等。

主菜单中的参数设置给操作员提供了设置保护参数的界面,以其中的一项功能"电流Ⅰ段"为例,其含义是短路电流达到一定值且持续一段时间后断路器跳闸切断短路故障。在图4-4中可以看到"电流Ⅰ段"包括三方面的设置:数值定值是指当短路电流达到多大值时断路器跳闸;时间定值是指短路电流达到设定值后延时多长时间再跳闸;投退定值是指"电流Ⅰ段"这项功能是否启用。其他保护参数的设置与上述操作大体相同,除了保护参数的设置外,在参数设置界面中还可以设置交流参数(如互感器的变比)、通信参数(如通信地址)、电能参数(如电能的初值)等。

主菜单中的事件记录可以将重要的事件及其时间呈现给操作员。其中,保护事件主要记录电力系统发生的故障及时间(如短路故障),遥信事件主要记录开关状态等遥信量的变化及时间,自检事件主要记录微机继电保护装置自身运行的重要事件及时间,遥控事件主要记录远程遥控的操作及时间。操作员可以通过追溯以上事件分析故障的原因。

任务4.2　电力线路的继电保护

4.2.1　电力线路的短路故障类型

大风等原因可能导致电力线路出现短路故障。电力线路的短路故障类型主要包括三相短路、两相短路、单相接地短路及两相接地短路,如图4-5所示。

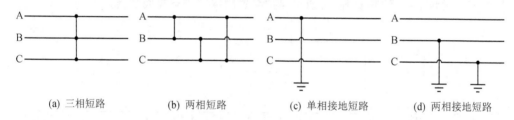

(a) 三相短路　　　(b) 两相短路　　　(c) 单相接地短路　　　(d) 两相接地短路

图4-5　电力线路的短路故障类型

4.2.2　电力线路的相关保护

当发生短路故障时,通过电力线路的电流很大,若不及时切除故障,则会对电力线路造成损坏。因此,应快速、准确地跳开相关的断路器切除故障,此动作在电力线路继电保护中怎么实现呢?当电网正常运行时,电力线路中流过的是正常负荷电流,母线电压约为额定电压;当发生各种线路短路故障时,总伴随着故障相电流的增大和电压的降低。根据这一特征,微机继电保护可以通过电流、电压的变化判断电力线路的各种短路故障。当故障线路上的电流大于某一设定值或继电保护装置安装处母线电压小于某一设定值时,继电保护将跳开故障线路上的断路器而将故障线路断电。这就是电流、电压保护的作用原理。设定值就是电流、电压保护的动作电流或动作电压,是能使电流保护动作的最小电流或使电压保护动作的最大电压,称为整定值。

简而言之,就是在电力线路继电保护中设置动作电流的整定值,当检测到实际电大于整定值时,继电保护快速跳闸断开故障线路。但在实际电力系统中并非如此简单,如图 4-6 中短路故障发生在线路 2 的首端,此时希望线路 2 继电保护而非线路 1 继电保护跳开断路器切除故障线路,因为线路 1 继电保护跳开断路器会造成线路 3 同时失电,扩大停电范围。

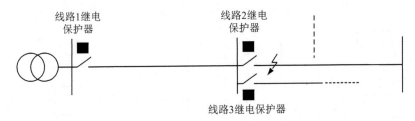

图 4-6 电力线路短路故障示例

如何保证是线路 2 继电保护动作而不是线路 1 继电保护动作呢?关键在电流保护整定值的设置上,为了使各继电保护覆盖各自线路中的短路故障,线路 1 继电保护应根据线路 1 末端在轻负载情况下的短路电流设置整定值,线路 2 继电保护应根据线路 2 末端在轻负载情况下的短路电流设置整定值。如果两个整定值互不干扰,则上述问题可以得到解决。但是由于在电力系统中负载是变化的,如图 4-6 所示,线路 1 末端在轻负载情况下的短路电流可能比线路 2 首端在重负载的短路电流小,因此当在重负载工况下线路 2 首端发生短路故障时,短路电流值会同时大于线路 1 继电保护和线路 2 继电保护的整定值,不能实现线路 2 继电保护动作而线路 1 继电保护不动作的预期效果,一个电流保护整定值不能有效解决问题,需要多个整定值及延时时间配合实现。

1．三段式电流保护

为保证迅速、可靠而有选择性地切除故障,电力线路短路故障的电流保护一般采用几种电流保护的组合形式构成一整套保护。这里介绍一种常用的利用微型计算机实现的组合形式,即三种电流保护的配合保护,称为三段式电流保护:第 I 段——无时限电流速断保护或无时限电流、电压联锁速断保护;第 II 段——限时电流速断保护或限时电流、电压联锁速断保护;第 III 段——定时限过电流保护或低电压起动过电流保护。

(1) 无时限电流速断保护(电流 I 段保护)

无时限电流速断保护依靠动作电流来保证其选择性,即当被保护线路以外的部分短路时,流过该保护的电流总小于其动作电流,不能动作;而只有当被保护范围内的线路短路时,流过保护的电流才有可能大于其动作电流,使保护装置在短时间内"迅速"动作,以切断系统中的故障线路。显然当满足以上要求时,无时限电流速断保护不能保护全部线路,只能保护线路的一部分。无时限电流速断保护不必外加延时元件即可保证选择性,是一种即时判断和动作的电流保护,其速动性最好。在使用时需要通过选择运行方式、动作电流、保护范围来对其参数进行准确地计算和整定,以保证其可靠性、选择性、速动性和灵敏性。

无时限电流速断保护的灵敏度是通过保护范围的大小来衡量的,即用它所保护的线路长度的百分数来表示。在不同运行方式和不同短路故障类型下,保护的灵敏度,即保护范围各不相同。应采用最不利情况下保护的保护范围来校验保护的灵敏度,一般要求保护范围不小于线路全长的15%。

无时限电流速断保护有时需要低压闭锁的配合,即需要同时满足保护装置安装处电压小于某一设定值才执行跳闸命令,其执行逻辑如图4-7所示。

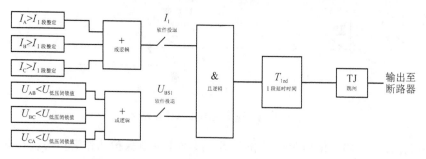

图4-7　无时限电流速断保护的执行逻辑

(2)限时电流速断保护(电流Ⅱ段保护)

由于无时限电流速断保护不能保护全部线路,当被保护线路末端附近短路时,必须由其他的保护来切除。为此,可增加一套带时限的电流速断保护,用以切除无时限电流速断保护范围以外的短路故障,作为无时限电流速断保护的后备保护。为了满足速动性的要求,保护的动作延时时间应该尽可能短。这种带时限的电流速断保护称为限时电流速断保护。

在单侧电源网络相间短路的电流保护中,由无时限电流速断保护构成电流保护的第Ⅰ段,由限时电流速断保护构成电流保护的第Ⅱ段。这样,线路上电流保护的第Ⅰ段和第Ⅱ段共同构成整个被保护线路的主保护,它能以尽可能快的速度可靠并有选择性地切除本线路上任何一处故障。

限时电流速断保护有时需要低压闭锁的配合,其执行逻辑与无时限电流速断保护的类似,仅需要将Ⅰ段的整定值、投退设置、延时时间变为Ⅱ段的参数即可,如图4-8所示。

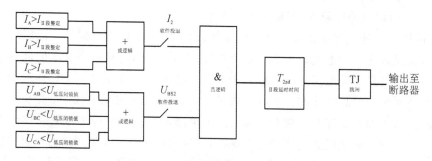

图4-8　限时电流速断保护的执行逻辑

（3）定时限过电流保护（电流Ⅲ段保护）

无时限电流速断保护和限时电流速断保护的动作电流都是按照躲过线路中某点的短路电流整定的。虽然无时限电流速断保护可瞬时切除故障线路，但它只能保护一部分线路。限时电流速断保护虽然可以较小的时限切除线路上任意一点的故障，但它不能做相邻线路故障的后备保护。

为此，可增加定时限过电流保护作为相邻线路故障的后备保护。顾名思义，定时限过电流保护是一种时限固定的过电流保护，也称为电流Ⅲ段保护。其动作电流较小，一般按躲过最大负荷电流整定，灵敏度较高。它不仅能保护全部线路，而且还可以作为相邻线路短路故障的远后备保护，即当故障线路的保护或断路器因某种原因拒动时，可由相邻线路的定时限过电流保护将故障切除，其保护范围延伸到相邻线路的末端。

其执行逻辑与限时电流速断保护类似，仅需要将Ⅱ段的整定值、投退设置、延时时间变为Ⅲ段的参数即可。

2．零序电流保护

在中性点非有效接地的电力系统中，当电力线路发生单相接地短路故障时，利用三段式电流保护也能起到单相接地短路保护的作用，但有时其灵敏度难以满足要求。因此，为了反映这种接地故障，还设置了专门的接地短路保护，并作用于跳闸。

系统正常运行没有零序电流，当发生单相接地短路故障时，各相对地电压和电容电流均不对称，会产生零序电压和零序电流。利用零序电流的特点构成的接地保护称为零序电流保护，其执行逻辑如图 4-9 所示。此外，单相接地保护还有接地监视装置（零序电压保护）。

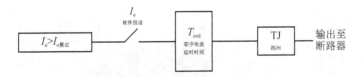

图 4-9　零序电流保护的执行逻辑

3．过负荷保护

除了以上针对短路故障的短路保护外，电力线路继电保护中还配置有过负荷保护，它是指当被保护区出现超过规定负荷时的保护措施。保护输出可以设置为告警，也可以设置为跳闸。

4.2.3　配电线路的继电保护设置

一般用户的高压配电线路基本上是单侧电源配电网络（或开式环形网络），线路不是很长，容量不是很大，因此其继电保护装置通常比较简单。GB/T 50062—2008《电力装置的继电保护和自动装置设计规范》规定，对 3～10 kV 电力线路，应装设相间短路保护、单相接地保护和过负荷保护。

对 3～10 kV 单侧电源线路可装设两段过电流保护作为主保护,第 Ⅰ 段应为无时限电流速断保护,第 Ⅱ 段应为限时电流速断保护。保护装置可采用定时限或反时限特性的继电器,应装设在线路的电源侧。对 3～10 kV 变电站的电源进线,可采用限时电流速断保护,其后备保护采用远后备方式,由电源侧承担。相间短路保护应动作于断路器的跳闸机构,使断路器跳闸,切除短路故障线路。

3～10 kV 单侧电源线路的单相接地保护有两种形式:一是接地监视装置,装设在变电站的高压母线上,动作于信号;二是有选择性的单相接地保护(零序电流保护),亦动作于信号,但当危及人身和设备安全时,则应动作于跳闸。

对可能过负荷的电缆线路或电缆架空混合线路,应装设过负荷保护。保护装置宜带时限,动作于信号,当危及设备安全时,可动作于跳闸。

任务 4.3 电力变压器的继电保护

4.3.1 电力变压器的常见故障与保护设置

电力变压器作为非常重要的变换电压、电流并输送交流电能的设备,在供配电很多环节中都要使用,一旦发生故障会对供配电可靠性和用户的生产、生活产生严重的影响。因此,必须根据电力变压器的容量和重要程度装设适当的继电保护装置。

根据故障位置的不同,电力变压器故障(见图 4 - 10)大体可分为内部故障和外部故障两种。

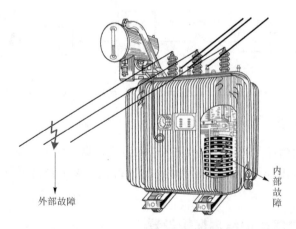

图 4 - 10　电力变压器故障示意

电力变压器的内部故障主要有绕组之间的相间短路、绕组匝间短路、绕组与铁芯或引出线与外壳间的单相接地短路。内部故障是很危险的,短路电流产生的高温电弧除了会导致绕线电阻、铁芯等部件损坏外,还有可能使变压器油或其他绝缘介质受热产生大量气体,导致电力变压器外壳破坏、变形,甚至有可能引起爆炸。

　　电力变压器常见的外部故障主要有引出线上绝缘套管故障从而可能导致引出线的相间短路、引出线通过油箱外壳发生的单相接地短路;由外部相间短路引起的过电流;中性点直接接地或经小电阻接地侧的电网中外部接地短路引起的过电流。

　　电力变压器的不正常运行状态有过负荷、油面降低、油温过高、绕组温度过高、油箱压力过高、产生瓦斯和冷却系统故障等。

　　根据电力变压器的故障种类及不正常运行状态,电力变压器一般应采用下列保护:

　　① 电流速断保护或纵联差动保护:作为电力变压器主保护,它能反映电力变压器内部故障和引出线的相间短路故障,瞬时动作于跳闸。

　　② 过电流保护:能反映电力变压器外部短路故障而引起的过电流,带时限动作于跳闸,可作为电流速断保护或纵联差动保护的后备保护。对 110 kV 降压电力变压器,当相间短路后备保护用过电流保护不能满足灵敏度要求时,宜采用低电压闭锁的过电流保护或复合电压起动的过电流保护。

　　③ 中性点直接接地或经小电阻接地侧的单相接地保护:能反映电力变压器中性点直接接地或经小电阻接地侧的单相接地短路故障,带时限动作于跳闸。

　　④ 过负荷保护:能反映过负荷而引起的过电流故障,一般延时动作于信号。

　　⑤ 瓦斯保护:能反映油浸式电力变压器油箱内部故障和油面降低,瞬时动作于信号或跳闸。

　　⑥ 温度信号:能反映电力变压器油温过高、绕组温度过高和冷却系统故障。

　　⑦ 压力保护:能反映密闭油浸式电力变压器的油箱压力过高。

4.3.2　电力变压器的相关保护

1. 差动保护

　　电力变压器差动保护(见图 4-11)作为电力变压器的主保护,能反映电力变压器内部相间短路故障、高压侧相间接地短路及匝间层间短路故障。差动保护利用故障产生的不平衡电流来动作,保护灵敏度很高,而且动作迅速。它基于基尔霍夫定律,当电力变压器正常运行或电力变压器外部故障时,若忽略电力变压器励磁电流及其他损耗,经过高低压侧比例归算后,流入电力变压器的电流和流出电力变

图 4-11　差动保护示意

器的电流是相等的,则此时差动保护不动作;但当输入电流和输出电流的矢量差达到预设值时,说明电力变压器内部出现短路故障,使得输入、输出电流不一致,此时差动保护动作,其执行逻辑如图 4-12 所示。

　　差动保护分纵联差动保护和横联差动保护两种形式,纵联差动保护多用于较大的变压器和旋转电机,横联差动保护多用于并联运行的双回线路。GB/T 50062—2008《电力装置的继电保护和自动装置设计规范》规定:电压为 10 kV 以上、容量为 10 MV·A

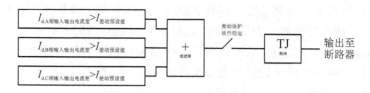

图 4 - 12　差动保护执行逻辑

及以上单独运行的变压器,以及容量为 6.3 MV·A 及以上并列运行的变压器,应采用纵联差动保护;容量为 10 MV·A 以下单独运行的重要变压器,可采用纵联差动保护;电压为 10 kV 的重要变压器或容量为 2 MV·A 及以上的变压器,当电流速断保护灵敏度不符合要求时,宜采用纵联差动保护。

2. 电流速断保护

按照规定,如果电力变压器过电流保护装置的动作时间大于 0.5 s 或 0.7 s,则应装设电流速断保护。电力变压器电流速断保护的组成、原理与电力线路电流速断保护完全相同;电力变压器电流速断保护动作电流的整定计算也与电力线路电流速断保护基本相同。电力变压器电流速断保护与电力线路电流速断保护一样,也存在保护"死区",在其保护"死区"内,由限时过电流保护实现主保护。

考虑到电力变压器当空载投入或突然恢复电压时将出现一个冲击性的励磁涌流,为避免电流速断保护误动作,可在速断电流整定后,将变压器空载试投若干次,以检查电流速断保护是否误动作。

3. 过电流保护

电力变压器过电流保护的原理、组成与电力线路过电流保护的原理、组成完全相同,其动作电流整定计算与电力线路过电流保护基本相同。对于 3～10 kV 终端变电站,其动作时间可整定为最小值(0.5 s)。

4. 低电压闭锁的过电流保护装置或复合电压起动的过电流保护

过电流保护的动作电流是按躲过包括电动机起动电流在内的短时最大负荷电流整定的,当电力变压器低压侧母线上接有大容量电动机时,过电流保护的动作电流整定值将变大,导致保护灵敏度降低。实际上,当供配电系统出现短路故障时常伴随的现象是电流的增大和电压的降低,在保护中增加低电压元件,将电压互感器二次电压引入保护装置中,就构成低电压闭锁的过电流保护,只有当电流的增大和电压的降低这两个条件同时满足时保护才发出跳闸命令。当将过电流保护用于变压器的后备保护时,再增加一个负序电压元件,作为一个闭锁条件,这样就构成了复合电压起动的过电流保护,当在后备保护范围内发生不对称短路故障时,它有较高灵敏性。

在采用低电压元件后,过电流保护的动作电流可以不再考虑可能出现的短时最大负荷电流,只须按躲过电力变压器额定电流整定。由于动作电流整定值减小,因此低电压闭锁的过电流保护的灵敏性将有较大提高。低电压元件的动作电压按躲过正常运行时电力变压器母线上可能出现的最低工作电压(如电力系统电压降低、大容量电动机起动及电动机自起动引起的电压降低,一般取额定电压的 70%)整定。

5. 电力变压器低压侧的单相接地保护

对于 3～10 kV 降压电力变压器,其低压绕组的中性点一般直接接地,低压侧的单相短路电流并不能完全反映到装在高压侧的保护装置中,这就使得过电流保护装置在保护电力变压器低压侧的单相短路故障时灵敏性较低。对 Dyn11 联结的电力变压器,由于其低压侧单相短路电流较大,因此可利用高压侧的过电流保护装置兼作低压侧的单相接地保护,但须校验其动作灵敏性。而对 Yyn0 联结的电力变压器,由于其低压侧单相接地短路电流较小,高压侧的过电流保护装置的灵敏性达不到要求,因此需要在电力变压器低压侧中性点引出线上装设零序过电流保护,其原理与电力线路零线电流保护基本相同。这种零序过电流保护的动作电流按躲过电力变压器低压侧最大不平衡电流来整定,动作时间一般取 0.5～0.7 s。

6. 过负荷保护

过负荷保护是指当被保护区出现超过规定的负荷时的保护措施。由于大型电力变压器的过负荷通常是对称过负荷,因此过负荷保护一般取一相相电流来判断。过负荷保护的动作电流应按照躲过绕组的额定电流整定,过负荷保护也可用反时限特性。通常,保护装置动作于信号;对于无人值班的变电站,保护装置可动作于跳闸或切除部分负荷。为了防止当电力变压器外部短路时电力变压器过负荷保护发出错误的信号,过负荷保护的动作时间应大于相间故障后备保护的最大动作时间,一般为 10～15 s,这同时也可以避免当尖峰负荷持续几秒时过负荷保护发出错误信号。

当电力变压器低压侧电压为 0.4 kV 时,一般不在高压侧装设过负荷保护,而是利用其低压侧的总断路器(自身具备保护功能)兼作变压器的过负荷保护。

7. 瓦斯保护与温度保护

(1) 油浸式电力变压器的瓦斯保护与温度保护

瓦斯保护又称气体继电保护,是油浸式电力变压器内部故障的一种基本的保护装置。当电力变压器发生内部故障时,短路电流所产生的电弧将使变压器油和其他绝缘物分解产生大量的气体,利用这种气体作为信号实现保护的装置称为瓦斯保护装置。GB/T 50062—2008《电力装置的继电保护和自动装置设计规范》规定,容量为 0.4 MV·A 及以上的车间内油浸式变压器、容量为 0.8 MV·A 及以上的油浸式变压器,以及带负荷调压变压器的充油调压开关均应装设瓦斯保护。

瓦斯保护的主要元器件是气体继电器,它装设在电力变压器的油箱与储油柜之间的连通管上,如图 4-13 所示,利用油浸式电力变压器内部故障产生的气体进行工作。气体继电器有两种触点:一种是轻瓦斯触点,另一种是重瓦斯触点,如图 4-14 所示。当电力变压器正常运行时,气体继电器两对触点都是断开的(见图 4-15(a));当电力变压器油箱内部发生轻微故障时,产生的气体较少,使得油面降低,轻瓦斯触点接通,动作于信号,如图 4-15(b)所示;当电力变压器油箱内部发生严重故障而喷出大量气体时,重瓦斯触点接通,动作于跳闸,如图 4-15(c)所示;当电力变压器油箱内部发生严重漏油时,重瓦斯触点接通,动作于跳闸,如图 4 - 15(d)所示。

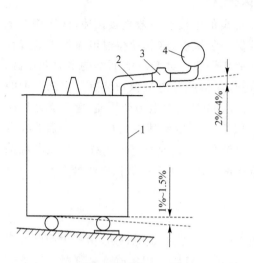

1—电力变压器油箱;2—连通管;
3—气体继电器;4—储油柜。

图 4 - 13　气体继电器在电力变压器上的位置

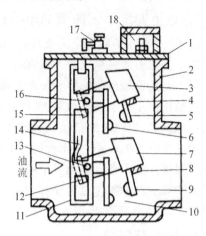

1—盖;2—容器;3—上开口油杯;4,8—永磁铁;
5,6—轻瓦斯触点;7—下开口油杯;9,10—重瓦斯触点;
11—支架;12,15—平衡锤;13,16—转轴;
14—挡板;17—放气阀;18—接线盒。

图 4 - 14　气体继电器的结构

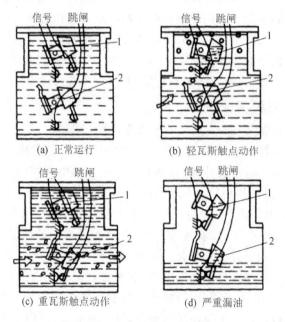

(a) 正常运行　　　　　(b) 轻瓦斯触点动作

(c) 重瓦斯触点动作　　　(d) 严重漏油

1—上开口油杯;2—下开口油杯。

图 4 - 15　气体继电器工作原理

　　容量在 1 000 kV·A 及以上的油浸式电力变压器还应装设温度保护。通常采用将一个温度继电器安装在电力变压器的油箱壁上的方式来测量油温,当油温超过允许值时,温度继电器的触点接通,触发信号装置发出预警信号。

(2) 干式电力变压器的温度保护

干式电力变压器的安全运行和使用寿命在很大程度上取决于电力变压器绕组绝缘的安全可靠。绕组温度超过绝缘耐受温度使绝缘破坏,是导致干式电力变压器不能正常工作的主要原因之一,因此对干式电力变压器的运行温度的监测及报警控制是十分重要的。它主要包括温度显示模块、风机自动控制、超温报警、跳闸等。

任务 4.4 电力电容器与高压电动机的继电保护

4.4.1 电力电容器的继电保护

GB/T 50062—2008《电力装置的继电保护和自动装置设计规范》规定,对 3 kV 及以上的并联补偿电容器组的下列故障及异常运行状态,应装设相应的保护装置:

① 电容器内部故障及其引出线短路。

② 电容器组和断路器之间连接线短路。

③ 电容器组中某一故障电容器切除后所引起的剩余电容器的过电压。

④ 电容器组的单相接地。

⑤ 电容器组过电压。

⑥ 所连接的母线失电压。

⑦ 中性点不接地的电容器组,各相对中性点的单相短路。

1. 专用熔断器保护

对电容器内部故障及其引出线短路,宜对每台电容器分别外接专用保护熔断器。熔体的额定电流根据电容器的允许偏差及长期允许的最大工作电流选择,根据 GB 50227—2008《并联电容器装置设计规范》,应为电容器额定电流的 1.37~1.5 倍。

2. 短时限电流速断和过电流保护

对电容器组和断路器之间连接线短路,可装设短时限电流速断和过电流保护,并动作于跳闸。

短时限电流速断保护的动作电流,按最小运行方式下当电容器端部引线发生两相短路时有足够灵敏度(一般取 2)整定。电流速断保护的动作时限应防止当出现电容器充电涌流时误动作,应大于电容器充电涌流时间 0.2 s 及以上。

过电流保护动作电流按电容器组长期允许的最大工作电流(1.3 倍额定电流)整定;动作时限较电容器组短时限电流速断保护的动作时限长 0.5~0.7 s;灵敏性按最小运行方式下电容器组端部两相短路电流校验,要求灵敏度≥1.5。

3．不平衡保护

当一组电容器中个别电容器损坏被切除或内部击穿时，电容器组三相电容不平衡，使串联的电容器之间的电压分布发生变化，剩余的电容器将承受过电压，危及电容器的安全运行。因此，并联电容器组应设置不平衡保护。根据电容器组接线可选取下列保护方式：

① 单星形联结电容器组可装设开口三角电压保护（见图 4 - 16(a)）。在电容器组各相上并联有作为放电线圈的电压互感器，其一次侧不接地，将其二次线圈接成开口三角形接一电压继电器。当任一相中电容器有故障时，三相电容不对称，在开口三角中出现零序电压，进而输出动作信号。

② 当单星形联结电容器组的串联段数为两段及以上时，可装设相电压差动保护（见图 4 - 16(b)）。利用电压互感器作为放电线圈，每段一台，互感器的二次侧按差接接线。

③ 当单星形联结电容器组每相能接成四个桥臂时，可装设桥式差动保护（见图 4 - 16(c)）。在两支路中部桥接一电流互感器，当任一桥臂中有电容器故障时，桥线两端出现不平衡电压，产生不平衡电流，进而输出动作信号。

④ 双星形联结电容器组可装设中性点不平衡电流保护（见图 4 - 16(d)）。将一组电容器分成容量相等的两个星形电容器组（特殊情况下两个星形电容器组的容量也可不相等），在两个中性点间装设小电流比的电流互感器，当任一组任一相中电容器有故障时，在两个中性点间出现不平衡电压，产生不平衡电流，进而输出动作信号。

当选择电容器组台数及配置其保护时，应保证不平衡保护有足够的灵敏度。在切除部分故障电容器后，当引起的剩余电容器的过电压小于或等于额定电压的 105% 时，应发出信号；当过电压超过额定电压的 110% 时，应动作于跳闸。

不平衡保护的动作应带有短延时，以防止电容器组合闸或断路器三相合闸不同步、外部故障等情况下误动作，延时可取 0.5 s。

4．单相接地保护

电容器组单相接地故障可利用电容器组所连接母线上的绝缘监视装置检出。当电容器组所连接母线有引出线路时，可装设有选择性的接地保护，并应动作于信号；必要时，保护应动作于跳闸。安装在绝缘支架上的电容器组，可不再装设单相接地保护。

5．过电压保护

装设过电压保护的目的是避免电容器在工频过电压下运行发生绝缘损坏。电容器组允许在 1.1 倍额定电压下长期运行。当电力系统电压超过电容器的最高容许电压时，内部电离增大，可能发生局部放电。过电压保护的电压取自母线电压互感器，动作于信号或带 3~5 min 时限动作于跳闸。

6．失电压保护

装设失电压保护的目的在于防止所连接的母线失电压对电容器产生危害。从电容器本身的特点来看，运行中的电容器如果失电压，则电容器本身并不会损坏，但运行中

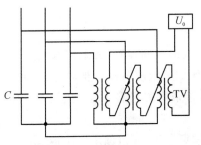

(a) 单星形联结电容器组开口三角电压保护

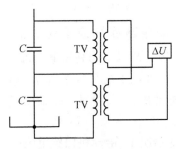

(b) 单星形联结电容器组相电压差动保护

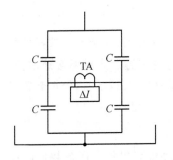

(c) 单星形联结电容器组桥式差动保护

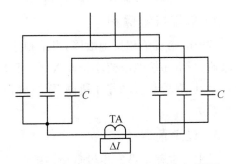

(d) 双星形联结电容器组中性点不平衡电流保护

图 4 - 16 并联电容器组不平衡保护原理的接线方式

的电容器突然失电压可能产生以下问题：一是电容器装置失电压后立即复电(电源自动重合闸或备用电源自动投入)将造成电容器带电荷合闸,导致电容器因过电压而损坏;二是当变电站恢复供电时,可能造成变压器带电容器合闸,变压器与电容器合闸涌流及过电压将使它们受到损害。此外,变电站失电后的复电可能造成因无负荷而使母线电压过高,这也可能引起电容器过电压。失电压保护的整定值既要保证在失电压后当电容器尚有残压时能可靠动作,又要防止当系统瞬间电压下降时误动作。一般动作值可整定为电网标称电压的 50%～60%,略带时限(可取 0.5～1.0 s)跳闸。

4.4.2 高压电动机的继电保护

GB/T 50062—2008《电力装置的继电保护和自动装置设计规范》规定,对 3 kV 及以上的异步电动机和同步电动机的下列故障及异常运行方式,应装设相应的保护装置:

① 定子绕组相间短路。

② 定子绕组单相接地。

③ 定子绕组过负荷。

④ 定子绕组低电压。

⑤ 同步电动机失步。

⑥ 同步电动机失磁。

⑦ 同步电动机出现非同步冲击电流。

⑧ 相电流不平衡及断相。

1. 电流速断保护或差动保护

对 2 000 kW 以下的高压电动机绕组及引出线的相间短路,宜采用电流速断保护。对 2 000 kW 及以上的高压电动机,或电流速断保护灵敏度不符合要求的 2 000 kW 以下的高压电动机,应装设纵联差动保护。保护装置采用两相或三相式接线,并应瞬时动作于跳闸。

在某些情况下,电动机回路电流(如 1.2 倍额定电流)超过额定电流,差动保护不能反应,需要装设过电流保护作为其后备保护,延时动作于跳闸。

2. 单相接地保护

对于电动机单相接地故障,当单相接地电流大于 5 A 时,应装设有选择性的单相接地保护;当单相接地电流小于 5 A 时,可装设接地监视装置。当单相接地电流为 10 A 及以上时,保护装置动作于跳闸;而当单相接地电流为 10 A 以下时,保护装置可动作于跳闸或信号。

3. 过负荷保护

对生产过程中易发生过负荷的电动机,应装设过负荷保护。保护装置应根据负荷特性,带时限动作于信号或跳闸,时限一般可取 10~15 s。

对起动或自起动困难、需要防止起动或自起动时间过长的电动机,也应装设过负荷保护,保护装置应动作于跳闸。

4. 欠电压保护

当电源电压短时降低或短时中断后又恢复时,需要切除一些次要电动机(为保证重要电动机的顺利起动)以及生产过程不允许或不需要自起动的电动机。为此,应装设欠电压保护,保护动作电压为额定电压的 65%~70%,经 0.5 s 时限动作于跳闸。

有备用自动投入机械的重要负荷电动机以及在电源电压长时间消失后须从电网中自动断开的电动机应装设欠电压保护,保护装置动作电压为额定电压的 45%~50%,经 9 s 时限动作于跳闸。

对 2 000 kW 及以上的高压电动机,可装设负序电流保护,反映相电流不平衡及断相,同时作为纵联差动保护的后备保护,保护装置动作于跳闸或信号。

任务 4.5 备用电源自动投入装置

对供电可靠性要求较高的工厂变电站通常采用两路及以上的电源进线,它们或互为备用,或一路为工作电源、另一路为备用电源。当工作电源线路发生故障而断电时,需要备用电源自动投入运行以确保供电可靠,通常采用备用电源自动投入装置(简称APD)。

4.5.1　对备用电源自动投入装置的要求

备用电源自动投入装置应满足以下要求：

① 当工作电源不论何种原因消失时,备用电源自动投入装置应动作。

② 当工作电源继电保护装置动作(负载侧故障)、跳闸或备用电源无电时,备用电源自动投入装置均不应动作。

③ 备用电源自动投入装置只允许动作一次,以免将备用电源合闸到永久性故障上。

④ 当电压互感器二次回路断线时,备用电源自动投入装置不应误动作。

⑤ 当工作电源正常停电操作时,备用电源自动投入装置不能动作,以防止备用电源投入。

⑥ 在采用备用电源自动投入装置的情况下,应检验备用电源过负荷情况和电动机自起动情况。若过负荷严重或不能保证电动机自起动,则应在备用电源自动投入装置动作前自动减负荷。

4.5.2　备用电源自动投入装置的运行方式

变电站电源进线及主接线不同,对所采用的备用电源自动投入装置的要求和接线也有所不同。如备用电源自动投入装置有采用直流操作电源的,也有采用交流操作电源的。备用电源的运行方式有明备用方式和暗备用方式两种。

1. 明备用方式

明备用方式为双电源中一个为工作电源、一个为备用电源,要求当工作电源消失时,备用电源自动投入,其电气主接线如图 4-17 所示。自动投入的条件是:工作电源消失意味着 WL1 线路上的电压 U_1 低于某阈值,同时为了避免电压互感器 TV1 二次回路断线而误判 U_1 低于某阈值(即误判工作电源消失),要求检查工作电源无电流(即 WL1 线路上的电流 I_1 低于某阈值);备用电源正常意味着 WL2 线路上的电压 U_2 正常。当满足以上条件时备用电源自动投入装置才起动,断开 WL1 线路断路器 QF1,闭合 WL2 线路断路器 QF2。

工作电源失电压后,无论其进线断路器是否跳开(即使已测定其进线电流为零),都要先跳开该断路器,并确认它已跳开后才能投入备用电源。这是为了防止备用电源投入到故障元件上,例如工作电源故障拒动,备用电源自动投入装置动作后备用电源将与故障的工作电源相连接。因此,需先断开 WL1 线路断路器 QF1,再闭合 WL2 线路断路器 QF2,执行逻辑如图 4-18 所示。

2. 暗备用方式

暗备用方式为双电源都是工作电源且互为备用,要求当任一工作电源消失时,另一路备用电源自动投入,其电气主接线如图 4-19 所示。以 XL1 电源消失为例,自动投入的条件是:XL1 工作电源消失意味着 XL1 线路上的电压 U_1 低于某阈值,同时为了

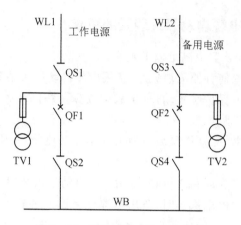

图 4-17 明备用方式电气主接线

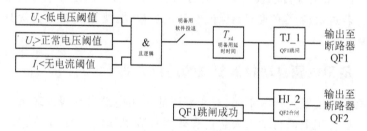

图 4-18 明备用方式执行逻辑

避免电压互感器 TV1 二次回路断线而误判 U_1 低于某阈值（即误判工作电源消失），要求检查 XL1 工作电源无电流（即 XL1 线路上的电流 I_1 低于某阈值）；备用电源正常意味着 XL2 线路上的电压 U_2 正常。当满足以上条件时备用电源自动投入装置才起动，断开 XL1 线路断路器 QF1，闭合母联断路器 QF3。

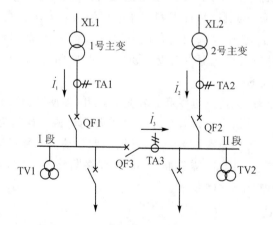

图 4-19 暗备用方式电气主接线

断路器的执行是有顺序的，原因与明备用方式的一样，需先断开 XL1 线路断路器 QF1，再闭合母联断路器 QF3，执行逻辑如图 4-20 所示。

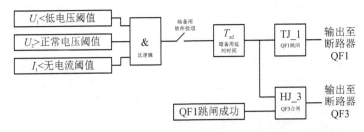

图 4 - 20　暗备用方式执行逻辑

任务 4.6　自动重合闸

4.6.1　自动重合闸的工作原理

电力系统的运行经验证明：架空线路上的故障大多数是瞬时性短路，如雷电放电、潮湿闪络、鸟或树枝的跨接等。这些故障虽然会引起断路器跳闸，但短路故障后（如雷闪过后、鸟或树枝烧毁后），故障点的绝缘一般能自行恢复。此时若断路器再合闸，则可立即恢复供电，从而提高了供电可靠性。

自动重合闸（ARD）就是利用上述特点，当架空线路或母线因故（例如发生短路故障或断路器自动跳开）断开时，使被断开的断路器经预定短延时而自动合闸。如果故障是瞬时性的，则供电自动恢复；如果故障是永久性的（即故障未消除），则由保护装置动作将断路器再度断开。运行资料表明，重合闸成功率为 60%～90%。自动重合闸装置主要用于架空线路，在电缆线路（电缆与架空线混合的线路除外）中一般不用自动重合闸装置，因为电缆线路中的大部分跳闸是由电缆、电缆头或中间接头绝缘破坏所致，这些故障一般不是短暂的。

自动重合闸按其不同特性有不同的分类方法：按动作方法可分为机械式和电气式，机械式自动重合闸适用于弹簧操作机构的断路器，电气式自动重合闸适用于电磁操作机构的断路器；按动作次数可分为一次自动重合闸、二次自动重合闸和三次自动重合闸。运行经验证明，自动重合闸装置的重合闸成功率随着重合闸次数的增加而显著降低，对于架空线路来说，一次自动重合闸成功率可达 60%～90%，而二次自动重合闸成功率只有 15% 左右，三次自动重合闸成功率仅为 3% 左右。只有对于超高压（500 kV 或 800 kV）大电网的重载输电线路（影响几个省、市大面积用电），才有必要考虑二次或三次自动重合闸问题，因此在普通供配电系统中一般只采用一次自动重合闸。

三相一次自动重合闸装置的执行逻辑如图 4 - 21 所示。当装置检测到断路器已合闸且重合闸功能在投入位置时，经 5 s 后装置将处于重合闸允许状态，在装置中显示相关信息。当装置判断是电流故障跳闸后，再经过预设的延时时间，断路器重合闸。为了提高线路的供电可靠性，装置可判断是否为电流故障跳闸（三段式电流保护或反时限过电流保护),若是电流故障跳闸,则可在 0.5～5 s 后重合闸一次(时间定值由用户预设),且只重合闸一次。

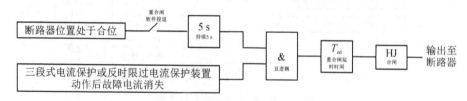

图 4-21　三相一次自动重合闸的执行逻辑

4.6.2　对自动重合闸的要求

① 当手动或遥控操作断开断路器时,自动重合闸不应动作,因为人为操作断路器跳闸是运行的需要;当手动合闸时,线路上有故障随即由保护装置动作将它断开,自动重合闸也不应动作。

② 当断路器因继电保护装置动作或其他原因而跳闸时,自动重合闸均应动作。

③ 自动重合闸次数应符合预先规定,即使当自动重合闸装置中任一元件发生故障或接点黏接时,也应保证不多次重合闸。

④ 应优先采用由控制开关位置与断路器位置不对应的原则来启动自动重合闸。同时也允许由保护装置来启动,但此时必须采取措施保证自动重合闸能可靠动作。

⑤ 自动重合闸在完成动作以后,一般应能自动复归,准备好下一次再动作。对于有值班员的 10 kV 以下电力线路,也可采用手动复归。

⑥ 自动重合闸应具备可以在重合闸以前或重合闸以后加速继电保护动作的功能。

4.6.3　自动重合闸与继电保护的配合

自动重合闸与继电保护的配合相当密切,两者配合工作在很多情况下可以加速切除故障,提高供电可靠性。它们配合的主要方式是自动重合闸前加速保护和自动重合闸后加速保护。

1. 自动重合闸前加速保护

如图 4-22 所示,自动重合闸设于首段线路上,当各级线路段中任何一级线路短路时,各段线路上的过电流保护均会起动。此时,装有自动重合闸的线路段 WL1 上的过电流保护的时间环节被闭锁(即延时时间不被执行),其过电流保护失去选择性,瞬时跳闸。然后,自动重合闸迅速动作进行重合闸操作,若重合闸成功,则线路继续运行;当重合闸不成功需再次跳闸时,由于 WL1 上的过电流保护的时间环节在自动重合闸动作后即被释放,因此其过电流保护按整定时限动作。此时,由故障线路上的过电流保护选择性动作切除故障线路。这种自动重合闸与继电保护的配合方式称为自动重合闸前加速保护。

自动重合闸前加速保护的特点是:

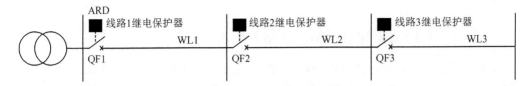

图 4 - 22　自动重合闸前加速保护

① 能快速切除瞬时故障,使它来不及发展成永久性故障,自动重合闸重合成功率高。

② 多条线路仅用一套自动重合闸。

③ 首段线路上的断路器分、合闸操作频繁,尤其是分断短路电流频繁,工作条件恶劣。

④ 若自动重合闸拒动,则事故停电范围将扩大。

2. 自动重合闸后加速保护

如图 4 - 23 所示,每条线路上都装设自动重合闸,当某条线路短路时,该线路上的过电流保护按选择性动作跳闸。然后故障线路上的自动重合闸动作进行重合闸操作,若重合闸成功,则线路继续运行;若重合闸不成功,则故障线路过电流保护的时间环节会在自动重合闸动作后被闭锁(即延时时间不被执行),此时,该过电流保护将瞬时跳闸,切除故障线路。这种自动重合闸与继电保护的配合方式称为自动重合闸后加速保护。

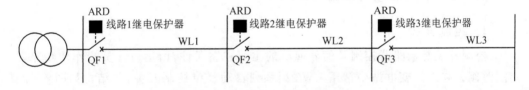

图 4 - 23　自动重合闸后加速保护

自动重合闸后加速保护的特点是:

① 不影响非故障线路的运行,即使自动重合闸拒动也不会使事故停电范围扩大。

② 各条线路上断路器的工作条件均较好。

③ 当线路故障时,第一次切除故障的时间较长,自动重合闸重合成功率较自动重合闸前加速保护低。

任务 4.7　断路器控制及信号回路简介

继电保护装置和自动装置的跳、合闸功能最终是通过控制断路器实现的,系统运行方式的切换也是通过控制断路器实现的。因而断路器控制及信号回路非常重要,它是连接继电保护与自动装置和断路器的关键,也是实现手动、遥控操作断路器的根本保证。

4.7.1 对断路器控制及信号回路的要求

断路器控制及信号回路是指控制(操作)断路器跳、合闸以及指示断路器位置信号的回路,直接控制对象为断路器操作(动)机构。操作机构主要有手动操作机构(CS)、电磁操作机构(CD)、弹簧操作机构(CT)、液压操作机构(CY)等。操作机构不同,断路器控制及信号回路也有一些差别,但接线基本相似。对断路器控制及信号回路的基本要求如下:

① 能手动和自动合闸与跳闸。

② 能监视控制回路操作电源及跳、合闸回路的完好性;应对二次回路短路或过负荷进行保护。

③ 断路器操作机构中的合、跳闸线圈是按短时通电设计的,在合闸或跳闸完成后,应能自动解除命令脉冲,切断合闸或跳闸电源。

④ 应具有防止断路器多次合、跳闸的"防跳"措施。

⑤ 应具有反映断路器状态的位置信号和手动或自动合、跳闸的显示信号,断路器的事故跳闸回路应按"不对应原理"接线。

⑥ 对于采用气压、液压和弹簧操作机构的断路器,应有压力是否正常、弹簧是否拉紧到位的监视和闭锁回路。

4.7.2 断路器控制及信号回路

1. 控制开关

控制开关是断路器控制及信号回路的主要控制元件,由运行人员操作使断路器合、跳闸。在工厂变电站中常用 LW2 型系列自动复位控制开关,其结构如图 4-24 所示。

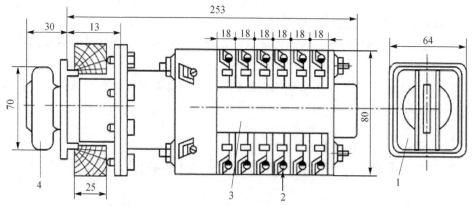

1—面板;2—接线端子;3—触头盒;4—手柄。

图 4-24 LW2 型系列自动复位控制开关的结构

控制开关的手柄和面板安装在控制屏前面,与手柄固定连接的转轴上有数节(层)触头盒,安装于屏后。触头盒的节数(每节内部触头形式不同)和形式可以根据控制回路的要求进行组合。每个触头盒内有定触头和一个旋转式动触头,定触头分布在盒的四角,盒外有供接线用的四个接线端子,动触头处于盒的中心。动触头有两种基本类型:一种是触头片固定在轴上,随轴一起转动,如图 4 - 25(a)所示;另一种是触头片与轴有一定角度的自由行程(见图 4 - 25(b)),当手柄转动角度在其自由行程内时,它可保持在原来位置上不动,自由行程有 45°、90°、135°三种。

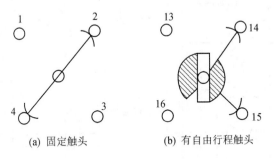

(a) 固定触头　　　　　(b) 有自由行程触头

图 4 - 25　动触头示意图

2. 电磁操作机构的断路器控制及信号回路

图 4 - 26 为电磁操作机构的断路器控制及信号回路。

(1) 断路器的手动操作

1) 合闸过程

设断路器处于跳闸状态,此时控制开关 SA 处于跳闸后(TD)位置,其触头⑩—⑪接通,QF1 接通,绿色信号灯 HG 闪光,表明断路器处于断开状态。在此通路中,因电阻 R1 存在,故合闸接触器 KM 不足以使其触点闭合。

将控制开关 SA 顺时针旋转 90°至预备合闸(PC)位置,触点⑨—⑩接通,将信号灯接到闪光信号小母线(+)WF 上,绿色信号灯 HG 闪光,表明控制开关的位置与合闸后(CD)位置相同,但断路器仍处于跳闸后状态。这是利用"不对应原理"接线的,同时提醒运行人员核对操作对象是否有误,若无误,则将 SA 置于合闸(C)位置(继续顺时针旋转 45°)。在此位置上,触头⑤—⑧接通,使合闸接触器 KM 接通于+WC 和-WC 之间,KM 动作,其触点 KM1 和 KM2 闭合,合闸线圈 YO 通电,断路器合闸。断路器合闸后,QF1 断开使绿色信号灯 HG 熄灭,QF2 闭合,因为触头⑬—⑭接通,所以红色信号灯闪光。在松开 SA 后,在弹簧作用下 SA 自动回到合闸后(CD)位置,触头⑬—⑯接通,使红色信号灯 HR 发出平光,表明断路器已合闸,同时触头⑨—⑩接通,为故障跳闸使绿色信号灯 HG 闪光做好准备(此时 QF1 断开)。

2) 跳闸过程

将控制开关 SA 逆时针旋转 90°至预备跳闸(PT)位置,触头⑬—⑯断开,而触头⑬—⑭接通闪光信号小母线,红色信号灯 HR 发出闪光,表明 SA 的位置与跳闸后(TD)的位置相同,但断路器仍处于合闸状态。将 SA 继续旋转 45°而置于跳闸(T)位

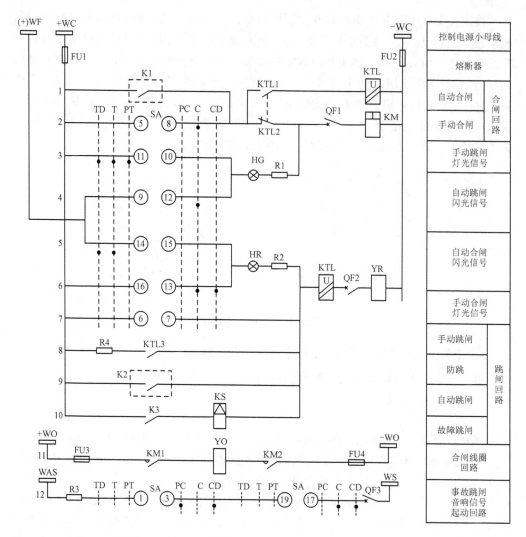

WC—控制电源小母线；WF—闪光信号小母线；WO—合闸小母线；WAS—事故音响小母线；

KTL—防跳继电器；HG—绿色信号灯；HR—红色信号灯；KS—信号继电器电流型线圈；

KM—合闸接触器；YO—合闸线圈；YR—跳闸线圈；SA—控制开关。

图 4-26　电磁操作机构的断路器控制及信号回路

置，触头⑥—⑦接通，使跳闸线圈 YR 接通，此回路中的 YR 通电跳闸，QF1 合上，QF2 断开，红色信号灯熄灭。在松开 SA 后，SA 自动回到跳闸后（TD）位置，触头⑩—⑪接通，绿色信号灯 HG 发出平光，表明断路器已经跳开。

（2）断路器的自动控制

断路器的自动控制通过自动装置的继电器触点（如图 4-26 中 K1 和 K2，分别与触头⑤、⑧和触头⑥、⑦并联）的闭合分别实现合、跳闸控制。在自动控制完成后，信号灯 HR 或 HG 将出现闪光，表示断路器自动合闸或跳闸，运行人员将 SA 旋转到相应的位置上即可。

　　当断路器因故障跳闸时,保护出口继电器 K3 闭合,SA 的⑥—⑦触头被短接,YR 通电,断路器跳闸,HG 发出闪光。与 K3 串联的 KS 为信号继电器电流型线圈,电阻很小。KS 通电后将发出信号,表明断路器因故障跳闸。同时由于 QF3 闭合(12 支路)而 SA 置于合闸后(CD)位置,触头①—③、⑰—⑲接通,事故音响小母线 WAS 与信号回路中负电源接通(成为负电源)发出事故音响信号,如电笛或蜂鸣器发出声响。

　　(3) 断路器的"防跳"

　　如果没有防跳继电器 KTL,则在合闸后若控制开关 SA 的触头⑤—⑧或自动装置触点 K1 被卡死,而此时遇到一次系统永久性故障,继电保护使断路器跳闸,QF1 闭合,合闸回路又被接通,则出现多次跳闸—合闸现象。因为如果断路器发生多次跳跃现象,则会使它毁坏,造成事故扩大,所以在控制回路中增设了防跳继电器 KTL。

　　防跳继电器 KTL 有两个线圈:一个是电流起动线圈,串联于跳闸回路;另一个是电压自保持线圈,经自身的动合触点并联于合闸回路中,其动断触点则串联在合闸回路中。当用控制开关 SA 合闸(触头⑤—⑧)或自动装置触点 K1 合闸时,若合在短路故障上,则防跳继电器 KTL 的电流线圈起动,KTL1 动合触点闭合(自锁),KTL2 动断触点打开,其 KTL 电压线圈也动作,自保持。在断路器跳开后,QF1 闭合,即使触头⑤—⑧或 K1 卡死,因为 KTL2 动断触点已断开,所以断路器不会合闸。当触头⑤—⑧或 K1 断开时,防跳继电器 KTL 电压线圈释放,动断触点才闭合。这样就防止了跳跃现象。

项目 5   供配电系统实训

任务 5.1   一次系统实训

5.1.1   高压开关柜调试

1. 实训目的

① 了解高压开关柜的原理。

② 掌握 XGN2 – 12 型高压开关柜的调试方法。

2. 实训设备

XGN2 – 12 型高压开关柜。

3. 实训原理

XGN2 – 12 型高压开关柜的一次系统主要由一台高压真空断路器和两台高压隔离开关组成,并配有电压互感器、电流互感器、带电显示器和凝露控制器等。电压互感器和电流互感器用来测量电压与电流;带电显示器用来指示高压开关柜是否带电;凝露控制器用来保证高压开关柜内的温度适宜,保证设备正常运行。XGN2 – 12 型高压开关柜的外形和一次系统如图 5 – 1 所示,高压真空断路器操作面板如图 5 – 2 所示。

4. 实训内容与步骤

(1) 上   电

① 使高压开关柜的高压真空断路器和高压隔离开关均处于分位。

② 把高压开关柜的控制电源插头插到 AC220 V 的电源上。

(2) 调   试

① 关闭后门—关闭前门—把手柄移到"分断闭锁"位置—分上接地开关—分下接地开关—合上隔离开关—合下隔离开关—把手柄移到"工作"位置。

② 把电机"储能"旋钮旋转到"储能"位置,当储能灯(黄灯)亮的时候,表明储能过程结束。

③ 按下高压开关柜面板上的"合闸"按钮,若高压真空断路器的合闸指示灯(红灯)亮,则表明高压真空断路器合闸成功。

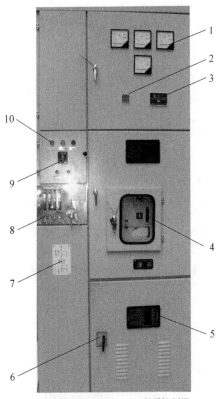

1—电流表和电压表；2—凝露控制器；
3—带电显示器；4—观察窗及高压真空断路器；
5—观察窗；6—户内电磁锁；7—模拟牌；
8—机械闭锁装置；9—旋转及转换开关；
10—合、分闸指示灯。

(a) 外　形

10 kV 一次系统图		
	DSN	
开关柜编号/方案号		出线柜/XGN2-12-03(G)
用途		出线柜
上隔离开关		GN30-12D/630A~20kA
下隔离开关		GN30-12D/630A~20kA
电流互感器		LZJC-10 150/5A 0.5/10P10
熔断器		RNP1-10/0.5A
电压互感器		JDZ-10/0.1 0.5级
断路器		ZN28A-12/630-25kA 弹簧机构CT19
避雷器		HY5WS-17/50
电磁锁		DSN-I/Y
带电显示器		GSN-10Q
尺寸(高×宽×深)		2 650 mm×1 100 mm×1 200 mm

(b) 一次系统

图 5-1　XGN2-12 型高压开关柜的外形和一次系统

④ 按下高压开关柜面板上的"分闸"按钮，若高压真空断路器的分闸指示灯(绿灯)亮，则表明高压真空断路器分闸成功。

⑤ 将人力储能操作手柄插入储能摇臂的插孔中，上下摆动(约 35°)，若面板上的储能指示灯显示"已储能"，则表明储能完成。

⑥ 按下手动"合闸"按钮，若高压真空断路器的合闸指示灯(红灯)亮，则表明高压真空断路器合闸成功。

⑦ 按下手动"分闸"按钮，若高压真空断路器的分闸指示灯(绿灯)亮，则表明高压真空断路器分闸成功。

⑧ 按下柜前柜后的"照明"按钮，照明灯亮。

⑨ 使高压真空断路器处于分位—把手柄移到"分断闭锁"位置—分下隔离开关—分上隔离开关—合下接地开关—合上接地开关—把手柄移到"检修"位置锁定。

⑩ 拔掉 220 V 电源插头。

5. 注意事项

当送电时,先合电源侧隔离开关,再合负荷侧隔离开关,最后合高压真空断路器。

当停电时,先断开高压真空断路器,再断开负荷侧隔离开关,最后断开电源侧隔离开关。

当操作时,一定要严格按照以上送、停电顺序操作。带电操作一定要注意安全。

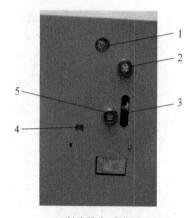

1—断路器分、合指示;
2—手动"分闸"按钮;3—人力储能插孔;
4—储能指标;5—手动"合闸"按钮。

图 5-2　高压真空断路器操作面板

5.1.2　低压进线柜调试

1. 实训目的

① 了解低压进线柜的原理。
② 掌握 GGD 型低压进线柜的调试方法。

2. 实训设备

GGD 型低压进线柜。

3. 实训原理

GGD 型低压进线柜的一次系统主要由低压刀开关、低压万能断路器和电流互感器组成。它主要用于把电能输送到成套开关设备中。GGD 型低压进线柜的外形和一次系统如图 5-3 所示,低压万能断路器的外形如图 5-4 所示。

4. 实训内容与步骤

(1) 上　电

① 使低压刀开关和低压万能断路器都处于分位。
② 把电压插座箱上的漏电开关合上。

(2) 调　试

① 将低压刀开关附件手柄卡入机械槽内,顺时针旋转到底,可以听见明显卡紧的声音并且"缺口"对着合闸位置,即为合闸成功。
② 切换电压转换开关,可以观察到三相线电压分别为 380 V。

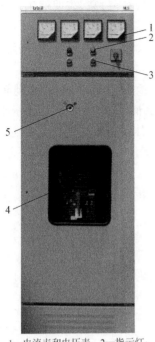

屏柜编号	进线柜
主母线位置	TMT-3×(30×3)+N/20×3
一次系统图	
地排 TMY-15X3	
屏柜型号	GGD
屏柜尺寸(高×宽×深)	2 500 mm×800 mm×800 mm
额定电流	200 A
用途	进线柜
备注	

主要元器件	刀开关	HD13BX-400/31
	万断路器	DW15-630A/3P 200A
	电流互感器	LMK-0.66 200/5A

1—电流表和电压表；2—指示灯；
3—按钮；4—低压万能断路器；
5—刀熔开关操作孔。

(a) 外　形　　　　　　　　　　(b) 一次系统

图 5 - 3　GGD 型低压进线柜的外形和一次系统

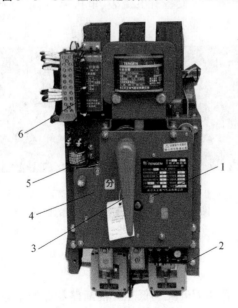

1—手柄；2—热继电器；3—分合指示牌；4—手动"分断"按钮；5—分励脱和器；6—电磁铁控制箱。

图 5 - 4　低压万能断路器的外形

③ 按下"合闸"按钮,低压万能断路器的合闸指示灯(红色)亮,表明低压万能断路器合闸成功。

④ 按下"分闸"按钮,低压万能断路器的分闸指示灯(绿色)亮,表明低压万能断路器分闸成功。

⑤ 打开柜门手动操作低压万能断路器,先逆时针扳动手柄,当手柄转动角度为120°时,低压万能断路器处于贮能状态;再顺时针扳下手柄,即可使低压万能断路器快速合闸,这时请注意面板的方孔内"分"转为"合",表明低压万能断路器合闸成功。

⑥ 按下"红色"按钮使低压万能断路器断开,这时请注意面板的方孔内"合"转为"分",表明低压万能断路器分闸成功。

⑦ 将低压刀开关附件手柄卡入机械槽内,逆时针旋转到底并且"缺口"对着分闸位置,即为分闸成功。

5.1.3 低压出线柜调试

1. 实训目的

① 了解低压出线柜的原理。

② 掌握 GGD 型低压出线柜的调试方法。

2. 实训设备

GGD 型低压出线柜。

3. 实训原理

GGD 型低压出线柜的二次设备有电流表、电压表、指示灯和电压转换开关。GGD 型低压出线柜的面板如图 5-5 所示。

1—电压表;2—电压转换开关;3—指示灯;4—电流表

图 5-5 GGD 型低压出线柜的面板

4. 实训内容与步骤

(1) 上 电

① 使低压进线柜的低压刀开关和低压万能断路器都处于分位。

② 把三相插头插到 AC380 V 的电源上。

③ 先依次手动合上低压进线柜的低压刀开关,再按下低压进线柜的"合闸"按钮

(红色),低压万能断路器的合闸指示灯(绿灯)亮,表明低压万能断路器合闸成功。

(2) 投入负载

① 先把低压出线柜的刀熔开关合上,再把低压出线柜的 20 A 回路投入,即把刀熔开关的手柄从下往上推,直至合闸位置,此时可以看到红色字符"ON"。

② 依次合上低压电动机控制柜的刀熔开关、微型断路器,确认低压电动机控制柜上的熔丝安装正确无误。

③ 在低压电动机控制柜面板上按下"开始"按钮,电动机开始运行。

(3) 调 试

① 观察到低压出线柜的三相电源指示正常(即指示灯均亮)。

② 切换电压转换开关,观察到线电压均为 AC380 V,表示电源电压三相平衡。

③ 观察三相电流表的指示,电流为 2.2 A 左右。

(4) 调试完毕

① 先退出负载,即按下低压电动机控制柜面板上的"停止"按钮,让电动机停止转动;再手动断开刀熔开关和微型断路器。

② 先断开低压出线柜的 20 A 回路,即把刀熔开关的手柄从上往下推,直至分闸位置,此时可以看到红色字符"OFF";再手动断开低压出线柜的刀熔开关。

③ 先按下低压进线柜的"分闸"按钮(红色),低压万能断路器的分闸指示灯(绿灯)亮;再断开低压刀开关。

5.1.4 低压电动机控制柜调试

1. 实训目的

① 了解低压电动机控制柜的原理。
② 掌握 GGD 型低压电动机控制柜的调试方法。

2. 实训设备

GGD 型低压电动机控制柜。

3. 实训原理

GGD 型低压电动机控制柜可以实现电动机的星/三角形降压起动控制。GGD 型低压电动机控制柜的面板如图 5-6 所示。

4. 实训内容与步骤

(1) 上 电

① 使低压进线柜的低压刀开关和低压万能断路器都处于分位。
② 把三相插头插到 AC380 V 的电源上。
③ 先依次手动合上低压进线柜的低压刀开关,再按下低压进线柜的"合闸"按钮(红色),低压万能断路器的合闸指示灯(绿灯)亮,表明低压万能断路器合闸成功。

(2) 调 试

① 先把低压出线柜的刀熔开关合上,再把低压出线柜的 20 A 回路投入,即把刀熔

1—指示灯;2—按钮。

图 5 - 6　GGD 型低压电动机控制板的面板

开关的手柄从下往上推,直至合闸位置,此时可以看至红色字符"ON"。

② 依次合上低压电动机控制柜的刀熔开关、微型断路器,确认低压电动机控制柜上的熔丝安装正确无误。

③ 在低压电动机控制柜面板上按下"开始"按钮,红色指示灯亮,电动机开始运行。这时接触器 KM1 线圈得电自锁,接触器 KM3 线圈得电,主回路中电动机 M 作星形连接起动,同时时间继电器 KT 线圈得电延时,延时时间到,接触器 KM3 线圈失电,接触器 KM2 线圈得电自锁,主回路上的电动机作三角形连接全压运行,同时时间继电器 KT 线圈失电复位。

④ 这时观察到电动机运行正常,三相电流表的读数为 2.2 A 左右,且三相平衡。

⑤ 手动按下低压电动机控制柜面板上的"停止"按钮,这时观察到绿色指示灯亮、红色指示灯灭,电动机的转速慢慢降低,最后停止转动,这时观察到三相电流表的示数均为零。

⑥ 断开低压出线柜的 20 A 回路,即把刀熔开关的手柄从上往下推,直至分闸位置,此时可以看到红色字符"OFF";再手动断开低压出线柜的刀熔开关。

⑦ 先按下低压进线柜的"分闸"按钮(红色),低压万能断路器的分闸指示灯(绿灯)亮;再断开低压刀开关。

5.1.5　低压计量柜调试

1．实训目的

① 了解低压计量柜的原理。

② 掌握 GGD 型低压计量柜的调试方法。

2．实训设备

GGD 型低压计量柜。

3．实训原理

GGD 型低压计量柜的一次设备有电流互感器和电压互感器,二次设备有电流表、电压表、有功功率表、无功功率表、有功电能表和无功电能表。GGD 型低压计量柜上面板如图 5-7 所示。

1—电压表；2—电压转换开关；3—指示灯；4—无功功率表；5—有功功率表；6—电流表。

图 5-7 GGD 型低压计量柜上面板

4. 实训内容与步骤

(1) 上 电

① 使低压进线柜的低压刀开关和低压万能断路器都处于分位。

② 把三相插头插到 AC380 V 的电源上。

③ 先依次手动合上低压进线柜的低压刀开关，再按下低压进线柜的"合闸"按钮（红色），低压万能断路器的合闸指示灯（绿灯）亮，表明低压万能断路器合闸成功。

(2) 投入负载

① 先把低压出线柜的刀熔开关合上，再把低压出线柜的 20 A 回路投入，即把刀熔开关的手柄从下往上推，直至合闸位置，此时可以看到红色字符"ON"。

② 依次合上低压电动机控制柜的刀熔开关、微型断路器，确认低压电动机控制柜上的熔丝安装正确无误。低压电动机控制柜面板上按下"开始"按钮，电动机开始运行。

(3) 调 试

① 观察到低压计量柜上的三相电源指示灯均亮，表明三相进线电源正常。

② 观察到低压计量柜上的电压表示数为 380 V，切换电压转换开关，U_{AB}、U_{BC}、U_{AC} 均是 380 V。

③ 观察到三个电流表均有示数，且三相平衡。若电流表有示数，则表明电流回路接线正确。

④ 观察功率因数表的指示，因为本装置的负载是电动机，所以功率因数指示是滞后的。

⑤ 观察有功、无功电能表的运行状态，若看到电铝盘从左往右匀速转动，电能表上的灯有规律的一闪一闪地亮，则表明电能表正常。

⑥ 此时观察一下低压进线柜的三个电流表，应该也有示数。

⑦ 如果不是①～⑥的现象，则立即停电检查线路。

(4) 调试完毕

① 先退出负载，即按下低压电动机控制柜面板上的"停止"按钮，让电动机停止转

动;再手动断开刀熔开关和微型断路器。

② 先断开低压出线柜的 20 A 回路,即把刀熔开关的手柄从上往下推,直至分闸位置,此时可以看到红色字符"OFF";再手动断开低压出线柜的刀熔开关。

③ 先按下低压进线柜的"分闸"按钮(红色),低压万能断路器的分闸指示灯(绿灯)亮;再断开低压刀开关。

5.1.6 低压电容柜调试

1. 实训目的

① 了解低压电容柜的原理。

② 掌握 GGD 型低压电容柜的调试方法。

2. 实训设备

GGD 型低压电容柜。

3. 实训原理

GGD 型低压电容柜的主要功能是提高电力系统的功率因数,提高设备的效率。其一次设备主要有刀熔开关、低压微型断路器、交流接触器、热继电器、电抗器、电容器、避雷器和电流互感器等,其二次设备主要有电流表、功率因数表、转换开关和智能无功功率自动补偿控制器等。GGD 型低压电容柜面板如图 5 - 8 所示。

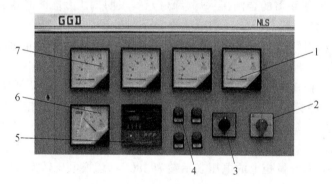

1—电压表;2—电压转换开关;3—电容器回路转换开关;
4—电容器投切指示灯;5—智能无功功率自动补偿控制器;6—功率因数表;7—电流表。

图 5 - 8　GGD 型低压电容柜面板

4. 实训内容与步骤

(1) 上　电

① 使低压进线柜的低压刀开关和低压万能断路器都处于分位。

② 把三相插头插到 AC380 V 的电源上。

③ 先依次手动合上低压进线柜的低压刀开关,再按下低压进线柜的"合闸"按钮(红色),低压万能断路器的合闸指示灯(绿灯)亮,表明低压万能断路器合闸成功。

（2）投入负载

① 先把低压出线柜的刀熔开关合上，再把低压出线柜的 20 A 回路投入，即把刀熔开关的手柄从下往上推，直至合闸位置，此时可以看到红色字符"ON"。

② 依次合上低压电动机控制柜的刀熔开关、微型断路器，确认低压电动机控制柜上的熔丝安装正确无误。

③ 在低压电动机控制柜面板上按下"开始"按钮，电动机开始运行。

（3）调　试

① 打开低压电容柜的柜门，手动合上四个低压微型断路器。

② 确认刀熔开关的熔丝安装完好。

③ 关闭低压电容柜的柜门，手动合上刀熔开关。

④ 观察到低压电容柜的三个电流表有示数，且三相平衡；电压表示数为 AC380 V，切换电压转换开关，U_{AB}、U_{BC}、U_{AC} 均为 380 V。

⑤ 投切电容器。电容器的投切有两种方法——手动投切与自动投切。

- 设定智能无功功率自动补偿控制器。其设定见表 5-1 所列，在完成表 5-1 所有选择参数的操作后，再按"∩"键，智能无功功率自动补偿控制器即存储被预置的参数，进入自动运行状态。

表 5-1　设定型智能无功功率自动补偿控制器的设定

选择参数的操作	参数代码	代码含义	参数设置	参数调节
按"∩"键将指示灯移动到"参数设置"下	PA-1	cos φ 设置	0.93	
再按"∩"键	PA-2	延时设置	20 s	
再按"∩"键	PA-3	过压设置	430 V	
再按"∩"键	PA-4	CT 变比设置	100	按"∧"键参数增加，按"∨"键参数减小
再按"∩"键	C-01	第一回路电容器容量设置	10 kvar	
再按"∩"键	C-02	第二回路电容器容量设置	10 kvar	
再按"∩"键	C-03	第三回路电容器容量设置	10 kvar	
再按"∩"键	C-04	第四回路电容器容量设置	10 kvar	

- 操作"菜单"键使手动运行指示灯亮。按"∧"键可投入一组电容器，按"∨"键可切除一组电容器，投切的顺序为按顺时针的方向，先投入的电容器先被切除。投入几组电容器，面板上就会有相应的几路指示灯亮。

- 把凸轮开关打到"手动"，面板上第一回路指示灯亮，说明投入了 1 组电容器。把凸轮开关打到"2"，面板上第一回路和第二回路指示灯亮，说明投入了 2 组电容器。把凸轮开关打到"3"，面板上第一回路、第二回路和第三回路指示灯亮，说明投入了 3 组电容器。把凸轮开关打到"4"，面板上第一回路、第二回路、第三回路、第四回路指示灯亮，说明投入了 4 组电容器。

- 把凸轮开关打到"自动"，智能无功功率自动补偿控制器就会根据功率因数的值自动投切电容器的组数,直到功率因数达 0.93 为止。观察到投入电容器的组数和面板上亮的指示灯的个数是一致的。

(4) 调试完毕

① 先退出负载,即按下低压电动机控制柜面板上的"停止"按钮,让电动机停止转动;再手动断开刀熔开关和微型断路器。

② 先断开低压出线柜的 20 A 回路,即把刀熔开关的手柄从上往下推,直至分闸位置,此时可以看到红色字符"OFF";再手动断开低压出线柜的刀熔开关。

③ 确认四组电容器全部退出,把低压电容柜上的电容器回路转换开关打到"停止"位置。先动断开刀熔开关,再断开低压电容柜柜内的四个微型断路器。

④ 先按下低压进线柜的"分闸"按钮(红色),低压万能断路器的分闸指示灯(绿灯)亮;再断开低压刀开关。

任务 5.2 二次系统实训

5.2.1 实训装置的认识

1. 实训目的

① 熟悉实训装置电气主接线模拟图。

② 了解计量柜和自动控制柜的功能。

③ 了解电气器件的代表符号。

2. 实训装置

实训装置如图 5-9 所示,包括计量柜、一次主接线柜和自动控制柜,具体是由供配电网络单元、微机线路保护及其设置单元、微机变压器保护及其设置单元、微机电动机保护及其设置单元、电动机组起动及负荷控制单元、仪表测量单元、电秒表计时单元、有

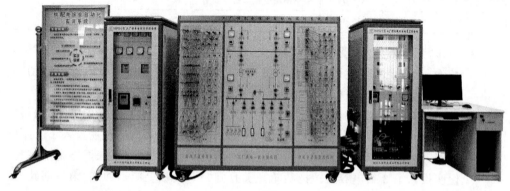

图 5-9 实训装置

载调压分接头控制单元、无功自动补偿控制单元、备自投控制单元和上位机系统管理单元等构成的。该装置主要模拟 35 kV 降压变电站、10 kV 高压变电站以及用电负载的供配电线路中涉及的微机继电保护装置、备用电源自动投入装置、无功补偿装置、智能采集模块等电气一次、二次、控制、保护等内容。

计量柜用于对一次线路中的电气量进行测量和计费,包括电压表、电流表、有功电能表、无功电能表、智能数字表、电秒表等,并把各仪表背部接线端子及电流互感器和电压互感器接线端子引到一次主接线柜左侧的面板上。读者在进行实训时,需要自己动手连接计量线路,以此来增强实际的动手能力,从而更好地掌握电压、电流互感器的接线方法,并熟悉各个仪表。

自动控制柜用于对一次线路进行控制和保护,包括微机变压器后备保护装置、微机电动机保护装置、微机线路保护装置、微机备投装置、无功补偿装置和电动机变频器等,并把各微机继电保护装置背部接线端子及电流互感器和电压互感器接线端子引到一次主接线柜右侧的面板上。读者在进行实训时,需要自己动手连接装置线路,以此来增强实际的动手能力,从而更好地掌握继电保护装置的接线方法,并熟悉自动控制装置的基本工作原理以及保护功能。

3. 实训原理

实训装置的供配电电力一次主接线线路结构如图 5 - 10 所示。本实训装置一次线路中模拟有 35 kV、10 kV 两个不同电压等级的中型供配电系统。该装置用一对方形按扭来模拟实际中的断路器,用长柄带灯旋钮来模拟实际中的隔离开关。当按下面板上的红色方形按钮(合闸)时,红色指示灯亮,表示断路器处于合闸状态;当按下面板上的绿色方形按钮(分闸)时,绿色指示灯亮,表示断路器处于分闸状态;当把长柄带灯旋钮拨至竖直方向时,红色指示灯亮,表示隔离开关处于合闸状态;当把长柄带灯旋钮顺时针拨转30°时,指示灯灭,表示隔离开关处于分闸状态。通过操作面板上的按钮和开关可以接通、断开线路,进行供配电工况模拟。其中,QF 表示断路器,QS 表示隔离开关,TA 表示电流互感器,TV 表示电压互感器,T 表示变压器。

实训装置的供配电电力一次主接线线路结构图可分为以下 3 部分:

(1) 35 kV 降压变电站主接线模拟部分

35 kV 母线有两路出线:一路经降压变压器 T2 降压为 10 kV 供其他分厂以及本部厂区电动机单元和三号车间使用;另一路经降压变压器 T1 降压为 10 kV 供本部厂区的一、二号车间使用。

(2) 10 kV 高压变电站主接线模拟部分

10 kV 高压变电站中的进线有两路,降压变压器是按有载调压器设计的,通过有载调压分接头控制单元实现有载调压。在 10 kV 高压变电站的 1♯和 2♯母线上还有五路出线:一条线路去一号车间变电站;一条线路去二号车间变电站;一条线路去三号车间变电站;一条线路直接供模拟高压电动机使用;一条线路去其他分厂。除此之外,在 10 kV 母线上还接有无功补偿装置,母线上并联了四组三角形接法的电容器组,对高压母线的无功功率进行集中补偿。当低压负荷的变化导致 10 kV 母线的功率因数低于

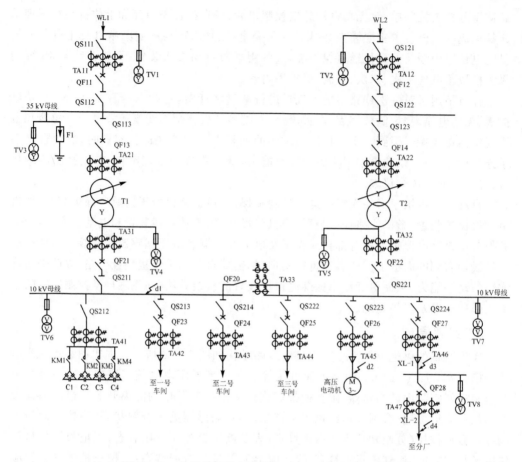

图 5－10　实训装置的供配电电力一次主接线线路结构

设定值时,通过无功功率补偿控制单元实现电容器组的手动、自动补偿功能。

(3) 负载部分

对于工厂来说,其负载属性为感性负载。因此,采用三相磁盘电阻器、电感器和纯感性的制冷风机来模拟车间负载。各组负载都采用星形接法,其参数见表 5－2 所列。

表 5－2　车间负载的参数

序　号	名　称	符　号	对应位置	参　数
1	风机		一号车间	3×38 W/220 V
2	电阻器	RCG1	二号车间	3×230 Ω/150 W
3	电感器	CG1		0~160,168,176 Ω/1 A
4	电阻器	RCG2	三号车间	3×250 Ω/150 W
5	电感器	CG2		0~233,246,260 Ω/1 A
6	电动机		模拟高压电动机	370 W/380 V

5.2.2　计量表接线实训

1．实训目的

① 了解电流互感器与电压互感器的接线方式。

② 了解计量表的功能。

③ 掌握计量表二次接线的技能。

2．互感器的功能、结构和接线方式

互感器是电流互感器与电压互感器的统称。从基本结构和工作原理来说,互感器就是一种特殊的变压器。电流互感器是一种变换电流的互感器,其额定二次电流一般为 5 A。电压互感器是一种变换电压的互感器,其额定二次电压一般为 100 V。

(1) 互感器的功能

① 使仪表、继电器等二次设备与主回路绝缘。这既可避免将主回路的高电压直接引入仪表、继电器等二次设备,又可防止仪表、继电器等二次设备的故障影响主回路,提高主回路和二次回路的安全性、可靠性,并有利于人身安全。

② 扩大仪表、继电器等二次设备的应用范围。通过采用不同变流比的电流互感器,用一只 5 A 量程的电流表就可以测量任意大的电流。同样,通过采用不同变压比的电压互感器,用一只 100 V 量程的电压表就可以测量任意高的电压。而且采用互感器可使仪表、继电器等二次设备的规格统一,有利于这些设备的批量生产。

(2) 互感器的结构和接线方式

电流互感器的基本结构如图 5 - 11 所示。它的结构特点是:一次绕组匝数很少,有的型式的电流互感器还没有一次绕组,而是利用穿过其铁芯的主回路作为一次绕组,且一次绕组导体相当粗;而二次绕组匝数很多、导体很细。当工作时,一次绕组串联在主回路中,而二次绕组则与仪表、继电器等电流线圈串联形成一个闭合回路。由于这些

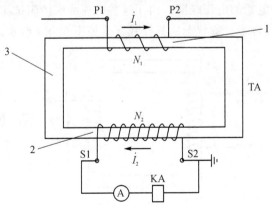

1——一次绕组;2—二次绕组;3—铁芯。

图 5 - 11　电流互感器的基本结构

电流线圈的阻抗很小,因此当电流互感器工作时二次回路接近于短路状态。其接线方式如图 5-12 所示。

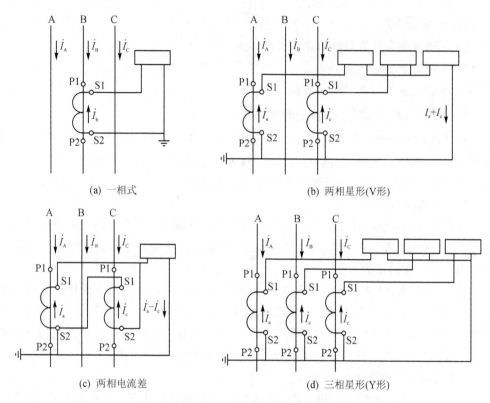

(a) 一相式　　　　　　　　　　(b) 两相星形(V形)

(c) 两相电流差　　　　　　　　(d) 三相星形(Y形)

图 5-12　电流互感器的接线方式

电压互感器的基本结构如图 5-13 所示。它的结构特点是:一次绕组匝数很多,而二次绕组匝数较少,相当于降压变压器。当工作时,一次绕组并联在主回路中,而二次绕组并联仪表、继电器的电压线圈。由于这些电压线圈的阻抗很大,因此当电压互感器工作时二次绕组接近于空载状态。其接线方式如图 5-14 所示。

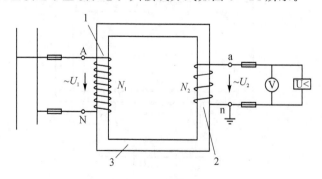

1——次绕组;2—二次绕组;3—铁芯。

图 5-13　电压互感器的基本结构

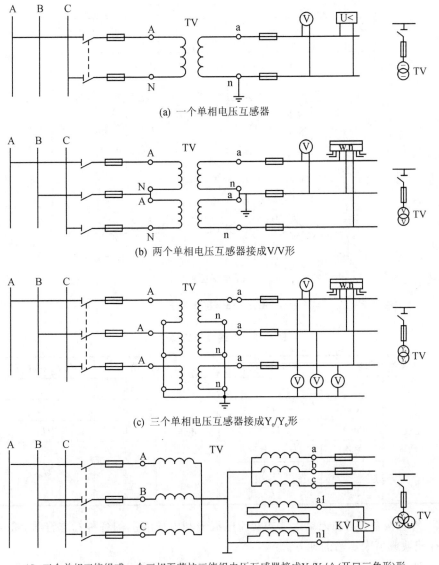

(a) 一个单相电压互感器

(b) 两个单相电压互感器接成V/V形

(c) 三个单相电压互感器接成Y_o/Y_o形

(d) 三个单相三绕组或一个三相五芯柱三绕组电压互感器接成$Y_o/Y_o/\triangle$(开口三角形)形

图 5－14　电压互感器的接线方式

3. 指针式交流电流表和电压表实训步骤

① 指针式交流电流表和电压表通过互感器对电气一次主接线进行计量,接线采用三相星形接法。将指针交流电流表接线端子和指针式交流电压表接线端子分别与电流互感器 TA11 和电压互感器 TV1 的接线端子连在一起,其接线端子如图 5－15 所示,接线端子连接对照见表 5－3 所列。

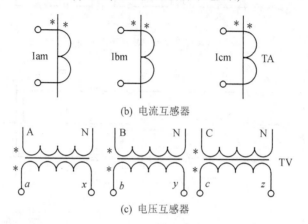

(a) 仪表(指针式交流电流表和电压表)

(b) 电流互感器

(c) 电压互感器

图 5－15　接线端子

表 5－3　接线端子连接对照

互感器接线端子		仪表接线端子	互感器接线端子		仪表接线端子
电流互感器	Iam *	I_A *	电压互感器	a	U_A
	Iam	I_A		b	U_B
	Ibm *	I_B *		c	U_C
	Ibm	I_B		x	
	Icm *	I_C *		y	U_N
	Icm	I_C		z	

② 外观检查：正确记录指针式交流电流表和电压表上的各种标志符号,检查它们是否有残缺或模糊不清的地方。

③ 通电前的调零：指针式交流电流表和电压表在使用前必须进行机械调零。可用一字螺丝刀调节表头下方的调节螺丝,使表头指针对准零位。注意,目光应该垂直正对"0"刻度,避免人为读数误差。

④ 在调整好零位后,按照正确顺序起动实训装置：依次合上实训控制柜上的"总电源""控制电源Ⅰ"开关和实训控制屏上的"控制电源Ⅱ""进线电源"开关;把无功补偿装置的凸轮开关拨至"停"位置;依次合上 QS111、QS112、QF11、QS113、QF13、QS211、QF21、QF20、QS212、QS213、QF23、QS214、QF24、QS222、QF25 给各车间供电。观察指针式交流电流表和电压表的示数。

⑤ 切断电源,检查指针是否回到零位。

⑥ 根据实训内容记录指针式交流电流表和电压表的读数，填入表 5 - 4 中。

表 5 - 4　进线 WL1 的电量记录

电　量	数　值	电　量	数　值
I_A		U_{AB}	
I_B		U_{BC}	
I_C		U_{CA}	

4. 指针式频率表实训步骤

① 通过实训导线将指针式频率表接线端子与电压互感器 TV1（或电压互感器 TV）的出线端子连在一起，指针式频率表接线端子如图 5 - 16 所示，接线端子连接对照表见表 5 - 5 所列。

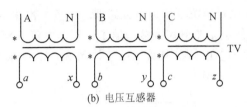

(a) 指针式频率表　　　　　　(b) 电压互感器

图 5 - 16　接线端子

表 5 - 5　接线端子连接对照表

互感器接线端子		对应接线端子
TV	a	U_A
	b	U_B
	c	
	x,y,z 短接	

② 外观检查：正确记录指针式频率表上的各种标志符号，检查它们是否有残缺或模糊不清的地方。

③ 通电前的调零：指针式频率表在使用前必须进行机械调零。可用一字螺丝刀调节表头下方的调节螺丝，使表头指针对准零位。注意，目光应该垂直正对最小刻度，避免人为读数误差。

④ 在调整好零位后，按照正确顺序起动实训装置：依次合上实训控制柜上的"总电源""控制电源 I"开关和实训控制屏上的"控制电源 II""进线电源"开关；把无功补偿装置的凸轮开关拨至"停"位置；依次合上 QS111、QS112、QF11、QS113、QF13、QS211、QF21、QF20、QS212、QS213、QF23、QS214、QF24、QS222、QF25 给各车间供电。观察指针式频率表的示数。

按以下公式计算测量频率的绝对误差和相对误差：

$$\Delta f = f_m - f_i$$

$$\gamma = \frac{\Delta f}{f_i} \times 100\%$$

其中，f_m 表示测量值，f_i 表示输入值。

⑤ 计算并记录误差，判断指针式频率表是否满足精度为 2.5。

⑥ 切断电源，检查指针是否回到零位。

⑦ 根据实训内容记录指针式频率表的相关数据，填入表 5-6 中。

表 5-6　指针式频率表相关数据记录

功　能	量　程	输入工频	指针式频率表测量值	指针式频率表绝对误差	指针式频率表相对误差
测量频率	45～55 Hz	50 Hz			

5. 智能电量监测仪表实训步骤

① 智能电量监测仪表通过互感器对电气一次主接线进行计量，接线采用三相星形接法。将智能电量监测仪表接线端子分别与电流互感器 TA11、电压互感器 TV1 和电源的接线端子连在一起，其接线端子如图 5-17 所示，接线端子连接对照表见表 5-7 所列。

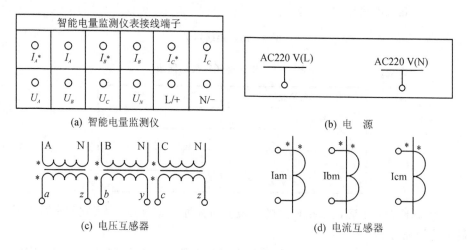

(a) 智能电量监测仪　　　　　　　　　(b) 电　源

(c) 电压互感器　　　　　　　　　(d) 电流互感器

图 5-17　接线端子

② 智能电量监测仪表参数设置：变压比 Volt 设为"HH,35.00"，变流比 ALPE 设为"LL,50.00"，功率量程 Pont 设为"LL,999.9"。先修改的为单位，再改变的为小数点的位置，最后修改的为数值。

③ 按照正确顺序起动实训装置：依次合上实训控制柜上的"总电源""控制电源Ⅰ"开关和实训控制屏上的"控制电源Ⅱ""进线电源"开关；把无功补偿装置的凸轮开关拨至"停"位置；依次合上 QS111、QS112、QF11、QS113、QF13、QS211、QF21、QF20、QS212、QS213、QF23、QS214、QF24、QS222、QF25 给各车间供电。

表 5 - 7　接线端子连接对照

电源或互感器 接线端子		智能电量监测 仪表接线端子	电源或互感器 接线端子		智能电量监测 仪表接线端子
电流 互感器	Iam *	I_A *	电压 互感器	a	U_A
	Iam	I_A		b	U_B
	Ibm *			c	U_C
	Ibm			x,y,z	
	Icm *	I_C *	电源	AC220 V(L)	L/+
	Icm	I_C		AC220 V(N)	N/−

记录进线 WL1 的电量，填入表 5 - 8 中。

表 5 - 8　进线 WL1 的电量记录

电 量	数 值	电 量	数 值	电 量	数 值	电 量	数 值
U_A		U_{AB}		I_A		P	
U_B		U_{CA}		I_B		Q	
U_C		U_{BC}		I_C		λ	

6. 指针式功率表实训步骤

① 指针式功率表、电流互感器和电压互感器的接线端子如图 5 - 18 所示，接线端子连接对照见表 5 - 9 所列。将功率因数表接线端子与电流互感器 TA11 和电压互感器 TV1(或电压互感器 TV 和电流互感器 TA)的接线端子连在一起。

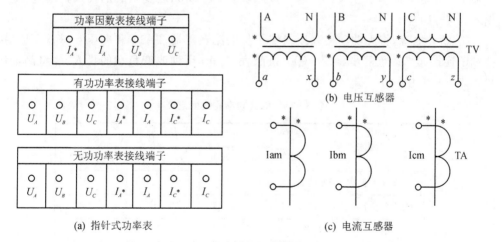

(a) 指针式功率表　　(b) 电压互感器　　(c) 电流互感器

图 5 - 18　接线端子

表 5 - 9 接线端子连接对照

互感器接线端子		对应接线端子	互感器接线端子		对应接线端子
电压互感器	a	U_A	电流互感器	Iam *	I_A *
	b	U_B		Iam	I_A
	c	U_C		Ibm *	
	x, y, z 短接			Ibm	
				Icm *	I_C *
				Icm	I_C

② 外观检查:正确记录功率因数表上的各种标志符号,检查它们是否有残缺或模糊不清的地方。

③ 通电前的调零:功率因数表在使用前必须进行机械调零。可用一字螺丝刀调节表头下方的调节螺丝,使表头指针对准零位。注意,目光应该垂直正对最小刻度,避免人为读数误差。

④ 在调整好零位后,按照正确顺序起动实训装置:依次合上实训控制柜上的"总电源""控制电源Ⅰ"开关和实训控制屏上的"控制电源Ⅱ""进线电源"开关;把无功补偿装置的凸轮开关拨至"停"位置;依次合上 QS111、QS112、QF11、QS113、QF13、QS211、QF21、QF20、QS212、QS213、QF23、QS214、QF24、QS222、QF25 给各车间供电。

⑤ 观察功率因数表的示数,按照表 5 - 10 所列改变负载的投入,并将测量值填入表 5 - 10 中。

⑥ 断开电源,将有功功率表接线端子与电流互感器 TA11 和电压互感器 TV1 接线端子连接起来。重复步骤②～④。按照表 5 - 10 所列改变负载的投入,并将测量值填入表 5 - 10 中。

⑦ 断开电源,将无功功率表接线端子与电流互感器 TA11 和电压互感器 TV1 接线端子连接起来。重复步骤②～④。按照表 5 - 10 所列改变负载的投入,并将测量值填入表 5 - 10 中。

表 5 - 10 针式功率表数据记录

负载投入情况	测量值		
	功率因数表	有功功率表	无功功率表
一号车间负载＋二号车间负载			
一号车间负载＋三号车间负载			
一、二、三号三个车间的负载			

7. 电能表实训步骤

① 通过实训导线连接接线端子:将感应式有功电能表接线端子与电流互感器 TA11 和电压互感器 TV1(或电压互感器 TV 和电流互感器 TA)的二次侧接线端子连

在一起（这里以进线 WL1 为例，具体连线参照前面实训内容）。

② 外观检查：正确记录感应式有功电能表上的各种标志符号，检查它们是否有残缺或模糊不清的地方。

③ 通电前的调零：感应式有功电能表在使用前必须进行机械调零。可用一字螺丝刀调节表头下方的调节螺丝，使表头指针对准零位。注意，目光应该垂直正对最小刻度，避免人为读数误差。

④ 在调整好零位后，按照正确顺序起动实训装置：依次合上实训控制柜上的"总电源""控制电源 I"开关和实训控制屏上的"控制电源 II""进线电源"开关；把无功补偿装置的凸轮开关拨至"停"位置；依次合上 QS111、QS112、QF11、QS113、QF13、QS211、QF21、QF20、QS212、QS213、QF23、QS214、QF24、QS222、QF25 给各车间供电。

⑤ 观察感应式有功电能表表盘旋转方向并分析计量正负，判断其接线情况。

⑥ 断开电源，将感应式无功电能表接线端子与电流互感器 TA11 和电压互感器 TV1 的接线端子连接起来。重复步骤②～④。观察感应式无功电能表表盘旋转方向并分析计量正负，判断其接线情况。

⑦ 断开电源，将电子式多功能三相电能表接线端子与电流互感器 TA11 和电压互感器 TV1 的接线端子连接起来。重复步骤②～④。观察电子式多功能三相电能表的指示灯并分析计量正负（当接线正确时，有功、无功指示灯闪烁）。拔掉任一相电压（电子式多功能三相电能表接线端子 U_A、U_B 或 U_C 处），液晶显示屏上显示"缺 X"，"X"代表 A、B 或 C。

⑧ 断开电源，将电子式多功能三相电能表接线端子的任一相电流的同名端（如 I_a ＊与 I_a 对换）对换，重复步骤④给各车间供电，几秒钟后，有功反向指示灯常亮。

⑨ 按蓝色开关可以切换显示有功、有功反向、无功总电量（对应的序号分别为 01，02，03，其他序号的定值没定义）。

注：可将三个电能表一起串并联在同一组电流互感器和电压互感器二次侧接线端子上。

5.2.3　备用电源自动投入装置实训

1. 实训目的

① 了解微机备用电源自动投入装置的作用，掌握备用电源自动投入装置二次接线的技能。

② 掌握进线备用电源投入（明备用）的工作方式。

③ 掌握母联备用电源投入（暗备用）的工作方式。

2. 备用电源自动投入装置的作用

在工作电源因故障被断开以后，备用电源自动投入装置能自动而且迅速地将备用电源投入工作或将用户供电自动切换到备用电源上去，使用户不至于因工作电源故障而停电，从而提高了供电可靠性。

备用电源自动投入装置的无压整定值遵循两条原则：一是躲开工作母线上的电抗器或变压器后发生的短路故障；二是躲过线路故障切除后电动机自起动的最低电压。其动作时间应与线路过电流保护时间相配合，当线路发生故障时，母线残压降低到备用电源自动投入装置起动的动作值，此时应由线路保护装置切除故障，而不应使备用电源自动投入装置动作。

3. 进线备用电源投入(明备用)及自适应实训

进线备用电源投入电气主接线图如图5-19所示，进线 WL1 和进线 WL2 互为明备用。在明备用中，一路运行，另一路作为备用不运行。以进线 WL1 运行、进线 WL2 备用为例，即当进线 WL1 有电压、有电流，进线 WL1 断路器 QF11 处于合位、进线 WL2 断路器 QF12 处于分位时，若进线 WL1 突然失电，则备用电源投入动作，切断进线 WL1、启用进线 WL2。若自适应的功能处于开启状态，则在进线 WL1 恢复正常后，备用电源投入继续动作，切断进线 WL2、恢复进线 WL1 供电。进线 WL2 运行、进线 WL1 备用的情况也是同样的道理。

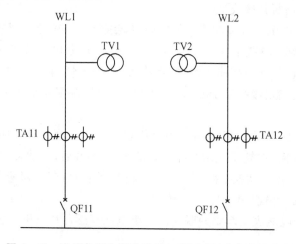

图5-19 进线备用电源自动投入(明备用)电气主接线图

装置的二次连接线方面，引入进线 WL1 电压 U_{11} 和进线 WL2 电压 U_{12}，用于有压、无压判别。每个进线开关各引入一相电流(I_1、I_2)，是为了防止电压互感器三相断线后造成开关误投，也是为了更好地确认进线开关已跳开。装置输出接点有分 QF11、QF12，合 QF11、QF12 各两副接点。实训设备内部已经将具体二次接线连接完毕，无需额外接线。

(1) 明备用(无自适应)实训步骤

① 完成进线备用电源自动投入装置的接线，且保证接线无误。

② 依次合上实训控制柜上的"总电源""控制电源Ⅰ"开关和实训控制屏上的"控制电源Ⅱ""进线电源"开关，把"备自投工作方式"打到"自动"位置。

③ 检查实训控制屏面板上的隔离开关 QS111、QS112、QS113、QS121、QS122、QS123、QS211、QS213、QS214、QS221、QS222 是否处于合闸状态，对于未处于合闸状

态的,手动将它们合闸;使实训控制屏面板上的断路器 QF11、QF13、QF14、QF21、QF22、QF23、QF24、QF25 处于合闸状态,使其他断路器均处于分闸状态。

④ 对实训控制柜上的微机备用电源自动投入装置做如下设置:"备自投方式"设置为"进线"、"Run"设置为"进线 WL1"、"无压整定"设置为"20 V"、"有压整定"设置为"70 V"、"投入延时"设置为"3 s"、"自适应设置"设置为"退出"。

⑤ 按下实训控制屏面板上的"WL1 模拟失电"按扭。

⑥ 在微机备用电源自动投入装置显示"进线备投成功"后,先按下微机备用电源自动投入装置面板上的"退出"键,再按"确认"键进入主菜单,选择"历史记录",查看"事件记录",记录事件及时间于表 5-10 中。

⑦ 恢复进线 WL1 供电。方法为按下"WL1 模拟失电"按钮,使断路器 QF12 处于分闸状态、断路器 QF11 处于合闸状态,为后一步操作做准备。

⑧ 调整实训控制柜上的微机备用电源自动投入装置,将"投入延时"设置为"1 s",重复步骤⑤~⑦,将实训结果填入表 5-11 中。

表 5-11　明备用(无自适应)实验记录表

序号	投入延时	动作过程(投入前和投入后断路器状态)		事件及时间
		投入前	投入后	
1	3			
2	1			

(2) 明备用(有自适应)实训步骤

① 依次合上实训控制柜上的"总电源""控制电源Ⅰ"开关和实训控制屏上的"控制电源Ⅱ""进线电源"开关,把"备自投工作方式"打到"自动"位置。

② 检查实训控制屏面板上的隔离开关 QS111、QS112、QS113、QS121、QS122、QS123、QS211、QS213、QS214、QS221、QS222 是否处于合闸状态,对于未处于合闸状态的,手动将它们合闸;使实训控制屏面板上的断路器 QF11、QF13、QF14、QF21、QF22、QF23、QF24、QF25 处于合闸状态,使其他断路器均处于分闸状态。

③ 对实训控制柜上的微机备用电源自动投入装置做如下设置:"备自投方式"设置为"进线"、"Run"设置为"进线 WL1"、"无压整定"设置为"20 V"、"有压整定"设置为"70 V"、"投入延时"设置为"3 s"、"自适应设置"设置为"投入"、"自适应延时"设置为"3 s"。

④ 按下实训控制屏面板上的"WL1 模拟失电"按钮。

⑤ 在微机备用电源自动投入装置显示"进线备投成功"后,等装置自动回到初始界面,按"确认"键进入主菜单,选择"历史记录",查看"事件记录",记录事件及时间于表 5-12 中。

⑥ 再次按下"WL1 模拟失电"按钮,恢复进线 WL1 供电,在微机备用电源自动投入装置显示"进线备投自适应成功"后,先按下微机备用电源自动投入装置面板上的"退出"键,再按"确认"键进入主菜单,选择"历史记录",查看"事件记录",记录事件及时间

于表 5 - 12 中。

表 5 - 12　明备用(有自适应)实训记录

动作过程(投入前、投入后和故障清除后断路器状态)			事件及时间
投入前	投入后	故障消除后	

4. 母联备用电源自动投入(暗备用)及自适应实训

母联备用电源自动投入装置电气主接线图如图 5 - 20 所示,进线 1 和进线 2 互为暗备用。在暗备用中,两路都为运行状态,此时,母线 I 段和母线 II 段的三相有电压,进线 1 断路器 QF21 处于合位,进线 2 断路器 QF22 也处于合位,母联断路器 QF20 处于分闸状态。若其中一路进线失电,以进线 1 故障为例,则备用电源自动投入装置动作,切断进线 1,通过闭合母联断路器由进线 2 供电。若自适应的功能处于开启状态,则在进线 1 恢复正常后,备用电源自动投入装置继续动作,切断母联断路器,恢复进线 1 的供电。进线 2 故障的情况也是同样的道理。

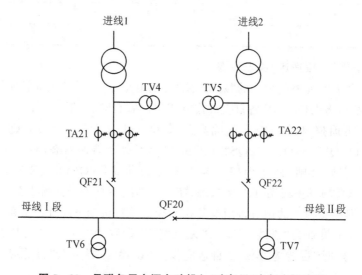

图 5 - 20　母联备用电源自动投入(暗备用)电气主接线图

装置的二次连接线方面,引入母线 I 段电压 U_{31} 和母线 II 段电压 U_{32},用于有压、无压判别。引入暗备用的两段进线电压(U_{21} 和 U_{22})作为备用电源自动投入装置准备及动作的辅助判据。每个暗备用的进线开关各引入一相电流(I_1 和 I_2),是为了防止电压互感器三相断线后造成开关误投,也是为了更好地确认进线开关已跳开。引入 QF21、QF22 和 QF20,用于系统运行方式、自投准备及自投动作判别。装置输出接点有分 QF21、QF22、QF20,合 QF21、QF22、QF20 各两副接点。母联备用电源自动投入装置的接线参照图 5 - 21 和表 5 - 13。其中，备用电源自动投入装置控制回路部分，只须将相应的信号（红色接线柱）引入到控制回路中即可（黑色接线柱上不用引线，内部已经连接好）。

装置接线端子		
10 kV进线1电压	10UL11	○
	10UL12	○
	10UL13	○
10 kV进线1电流	10IL11*	○
	10IL11	○
	10IL13*	○
	10IL13	○
10 kV进线2电压	10UL21	○
	10UL22	○
	10UL23	○
10 kV进线2电流	10IL21*	○
	10IL21	○
	10IL23*	○
	10IL23	○

(a) 母联备用电源自动投入装置

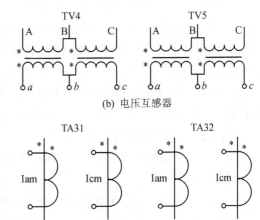

(b) 电压互感器

(c) 电流互感器

装置控制回路		
QF21合闸信号	HX21	○
QF21分闸信号	TX21	○
QF20合闸信号	HX20	○
QF20分闸信号	TX20	○
QF22合闸信号	HX22	○
QF22分闸信号	TX22	○

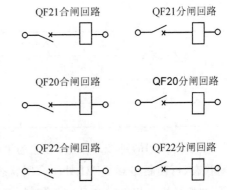

(b) 控制回路

图 5 - 21　接线端子

表 5 - 13　接线端子连接对照

互感器接线端子		母联接线端子	互感器接线端子		母联接线端子
电压互感器 TV4	a	10UL11	电压互感器 TV5	a	10UL21
	b	10UL12		b	10UL22
	c	10UL13		c	10UL23
电流互感器 TA21	Iam *	10IL11 *	电流互感器 TA22	Iam *	10IL21 *
	Iam	10IL11		Iam	10IL21
	Icm *	10IL13 *		Icm *	10IL23 *
	Icm	10IL13		Icm	10IL23

(1) 暗备用(无自适应)实训步骤

① 依次合上实训控制柜上的"总电源""控制电源Ⅰ"开关和实训控制屏上的"控制电源Ⅱ""进线电源"开关,把"备自投工作方式"打到"自动"位置。

② 检查实训控制屏面板上的隔离开关 QS111、QS112、QS113、QS121、QS122、QS123、QS211、QS213、QS214、QS221、QS222 是否处于合闸状态,对于未处于合闸状态的,手动将它们合闸;使实训控制屏面板上的断路器 QF11、QF13、QF14、QF21、QF22、QF23、QF24、QF25 处于合闸状态,使其他断路器均处于分闸状态。

③ 对实训控制柜上的微机备用电源自动投入装置做如下设置:"备自投方式"设置为"母联"、"无压整定"设置为"20 V"、"有压整定"设置为"70 V"、"投入延时"设置为"3 s"、"自适应设置"设置为"退出"。

④ 模拟暗备用的进线 1 失电,方法为手动使实训控制屏面板上的断路器 QF13 处于分闸状态。

⑤ 在实训控制柜上的微机备用电源自动投入装置显示"母联备投成功"后,先按下微机备用电源自动投入装置面板上的"退出"键,再按"确认"键进入主菜单,选择"历史记录",查看"事件记录",记录事件及时间于表 5-14 中。

表 5-14 暗备用(无自适应)实训记录

序 号	投入延时/s	动作过程(投入前和投入后断路器状态)		事件及时间
		投入前	投入后	
1	3			
2	1			

⑥ 恢复暗备用的进线 1 供电,方法为手动使实训控制屏面板上的断路器 QF13 处于合闸状态,再使断路器 QF21 处于合闸状态。

⑦ 调整微机备用电源自动投入装置,将"投入延时"设置为"1 s"重复步骤⑤~⑦,将实训结果填入表 5-14 中。

(2) 暗备用(有自适应)实训步骤

① 依次合上实训控制柜上的"总电源""控制电源Ⅰ"开关和实训控制屏上的"控制电源Ⅱ""进线电源"开关,把"备自投工作方式"打到"自动"位置。

② 检查实训控制屏面板上的隔离开关 QS111、QS112、QS113、QS121、QS122、QS123、QS211、QS213、QS214、QS221、QS222 是否处于合闸状态,对于未处于合闸状态的,手动将它们合闸;使实训控制屏面板上的断路器 QF11、QF13、QF14、QF21、QF22、QF23、QF24、QF25 处于合闸状态,使其他断路器均处于分闸状态。

③ 对实训控制柜上的微机备用电源自动投入装置做如下设置:"备自投方式"设置为"母联"、"无压整定"设置为"20 V"、"有压整定"设置为"70 V"、"投入延时"设置为"3 s"、"自适应设置"设置为"投入"、"自适应延时"设置为"3 s"。

④ 模拟暗备用的进线 1 失电,方法为手动使实训控制屏面板上的断路器 QF13 处于分闸状态。

⑤ 当微机备用电源自动投入装置显示"母联备投成功"后,等装置自动回到初始界面,按"确认"键进入主菜单,选择"历史记录",查看"事件记录",记录事件及时间于表 5 - 15 中。

表 5 - 15　暗备用(有自适应)实训记录

动作过程(投入前、投入后和故障消除后断路器状态)			事件及时间
投入前	投入后	故障消除后	

⑥ 恢复进线 1 供电,方法为手动使实训控制屏面板上的断路器 QF13 处于合闸状态,在微机备用电源自动投入装置显示"母联备投自适应成功"后,先按下微机备用电源自动投入装置面板上的"退出"键,再按"确认"键进入主菜单,选择"历史记录",查看"事件记录",记录事件及时间于表 5 - 15 中。

5.2.4　变压器保护实训

1. 实训目的

① 了解变压器有载调压的原理。
② 掌握变压器保护装置二次接线的技能。
③ 了解变压器电流速断保护、过电流保护、过负荷保护的原理。

2. 变压器有载调压

(1) 实训原理

采用无载调压变压器进行调压,有时会出现不论选取哪一个接头电压,都不能同时满足最大负荷和最小负荷下低压母线对电压的要求的情况。这时只能采用有载调压变压器,有载调压变压器可以在有载情况下改变接头,对不同负荷水平可有不同的变比,而且它的调节范围更大,如 $U_N \pm 3 \times 2.5\%$、$U_N \pm 4 \times 2.0\%$ 或 $U_N \pm 8 \times 1.25\%$,即有 7 个、9 个或 17 个接头供选择等。

有载调压变压器的原理如图 5 - 22 所示,高压主绕组与一个具有若干分接头的调压绕组串联,借助特殊的切换装置,可在负荷电流下改换分接头。切换装置有两个可动触点 Ka、Kb,当切换时先将一个可动触点移到相邻的分接头上,再将另一个可动触点移至该分接头,这样逐步移动,直到两个触点都移到选定的分接头为止。为了防止可动触点在切换过程中产生电弧影响有载调压变压器绝缘油的质量,在可动触点前面接入接触器 Ja、Jb,将它们放在单独的油箱里。当有载调压变压器切换分接头时,先断开接触器再移动可动触点,然后接通接触器。例如在图 5 - 22 所示情况下欲降低变比时,切换过程为：断 Ja—移 Ka—合 Ja—断 Jb—移 Kb—合 Jb。切换装置中的电抗器 L 用来限制当两个可动触点不在同一个分接头时两个分接头绕组间的短路电流。

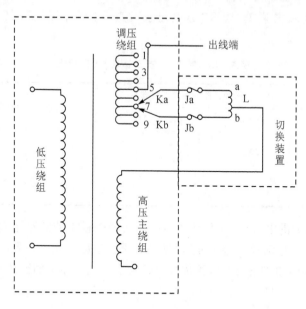

图 5 - 22　有载调压变压器的原理

有载调压变压器调压效果显著,在无功功率不缺乏的电力系统中,凡是采用普通变压器不能满足调压要求的场合,都可采用有载调压变压器。

(2) 实训步骤

实训系统的有载调压变压器装在 35 kV 总降压变压器 T1 处,保证 10 kV 母线带负荷运行。它以 10 kV 为基准档,共有五个分接头,分别是"-10%""-5%""0%""+5%""+10%",初始状态默认在"0%"位置,具有"手动"和"远动"两种调节方式。注意在实训中要保证将无功补偿装置的凸轮开关拨至"停"位置,不让补偿电容器投入。

① 按照正确顺序起动实训装置：依次合上实训控制柜上的"总电源""控制电源Ⅰ"开关和实训控制屏上的"控制电源Ⅱ"、"进线电源"开关；依次合上 QS111、QS112、QF11、QS113、QF13、QS211、QF21、QF20,把主回路的电能送到 10 kV 母线,记录此时 10 kV 母线电压值于表 5 - 16 中。

② 依次合上 QS213、QF23、QS214、QF24、QS222、QF25、QS223、QF26,给 10 kV 母线带上负荷；然后在实训控制柜上选择电机的起动方式为"直接",按下变频器下方的"起动"按钮,记录此时 10 kV 母线电压值于表 5 - 16 中。

③ 按下实训控制屏上有载调压变压器分接头部分的"升压"按钮,根据电压的实际变比情况来提高母线处电压,记录升高后的电压值于表 5 - 16 中。

表 5-16　变压器有载调压实训记录

序　号	项　目		电压值/kV
1	负荷投入前		
2	负荷投入后		
3	升压后	−5%处	
		−10%处	

3. 微机变压器保护装置实训

(1) 实训原理

对于容量较小的电力变压器，其保护主要有电流速断保护、过电流保护和过负荷保护。电流速断保护一般针对变压器内部和电源侧套管及引出线上的故障；过电流保护一般是为了防止变压器因外部短路而使变压器过电流，以及作为变压器纵联差动保护和瓦斯保护的后备保护；过负荷保护主要是指变压器过载情况下的保护。

电流速断保护、过电流保护和过负荷保护是常见的变压器保护措施，三者对应的故障电流依次减小、动作时间依次增大。在处理故障方面，电流速断保护和过电流保护一般是断开断路器切断供电，而过负荷保护可以以告警的形式进行处理，三者相互配合完成对变压器的保护。

(2) 实训步骤

电流速断保护作为主保护有独立的保护装置，它与过电流保护的微机变压器后备保护装置相差不大。因此，在实训中只进行过电流保护和过负荷保护的操作。

1）过电流保护实训步骤

① 对照图 5-23 及表 5-17 完成微机变压器保护装置的接线。

保护装置接线端子							
相电压	UA	A1	○	○	A2	UB	相电压
相电压	UC	A3	○	○	A4	UN	电压中性线
零序电压	$3U_0$	A5	○	○	A6	$3U_0'$	零序电压
		A7	○	○	A8		
		A9	○	○	A10		
保护CT	IA*	A11	○	○	A12	IA	
保护CT	IB*	A13	○	○	A14	IB	
保护CT	IC*	A15	○	○	A16	IC	
零序CT	I0*	A17	○	○	A18	I0	
测量CT	Ia*	A19	○	○	A20	Ia	
测量CT	Ic*	A21	○	○	A22	Ic	

(a) 微机变压器保护装置

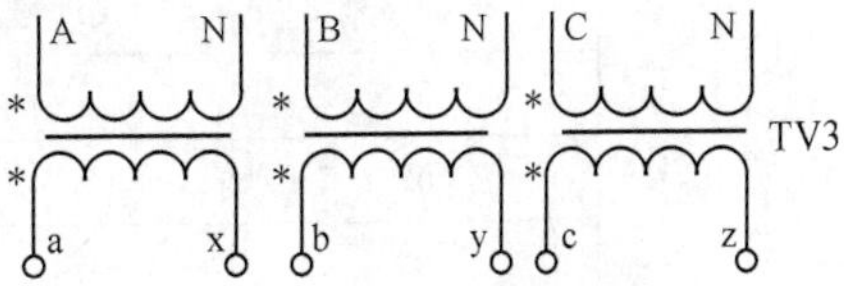

(b) 电压互感器

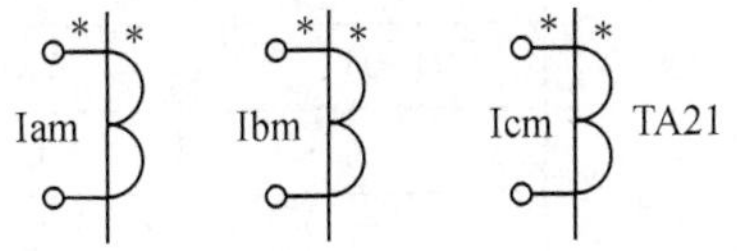

(c) 电流互感器

保护装置控制回路		
QF13合闸信号	HX13	○
QF13跳闸信号	TX13	○

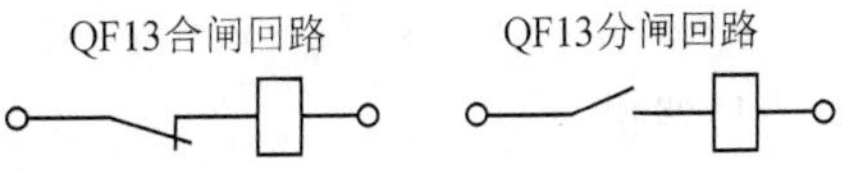

(d) 控制回路

图 5-23　接线端子

表 5 - 17　接线端子连接对照

互感器接线端子		微机变压器保护 装置接线端子	互感器接线端子		微机变压器保护 装置接线端子
电压 互感器 TV3	a	UA	电流 互感器 TA21	Iam *	IA *
	b	UB		Iam	IA
	c	UC		Ibm *	IB *
	x,y,z	UN		Ibm	IB
				Icm *	IC *
				Icm	IC

　② 按照正确顺序起动实训装置：依次合上实训控制柜上的"总电源""控制电源Ⅰ"和开关实训控制屏上的"控制电源Ⅱ""进线电源"开关。

　③ 保护动作值的整定计算及微机变压器保护装置的参数设置：额定参数为：$S_N = 800\ \text{W}, U_{hN} = 380\ \text{V}, U_{IN} = 220\ \text{V}$，TA 变比为 1。按照表 5 - 18 和表 5 - 19 所列设置过电流保护的微机变压器后备保护装置的各项参数。其中本实训未涉及的保护功能在"保护投退"菜单中均设为"退出"，对应定值菜单项无须改动。

表 5 - 18　微机变压器后备保护装置：保护投退菜单

保护序号	代　号	保护名称	整定方式
01	RLP01	本侧过电流Ⅰ段	投入
02	RLP02	本侧过电流Ⅱ段	投入

表 5 - 19　微机变压器后备保护装置：保护定值菜单

保护序号	代　号	定值名称	整定范围
01	KV1	一次电压比例系数	35
02	KI1	一次电流比例系数	1
03	Izd1	本侧Ⅰ段过电流定值	2.0
04	Tzd11	Ⅰ段过电流Ⅰ时限	0.5
05	Tzd12	Ⅰ段过电流Ⅱ时限	1
06	Izd2	本侧Ⅱ段过电流定值	1.45
07	Tzd21	Ⅱ段过电流Ⅰ时限	1.5
08	Tzd22	Ⅱ段过电流Ⅱ时限	2

　④ 依次合上 QS111、QS112、QF11、QS113、QF13、QS211、QF21 给变压器至 10 kVⅠ段母线供电。

　⑤ 按下短路故障按钮 d1(特别注意：如果微机变压器保护装置不动作，则马上复归短路故障按钮 d1，退出短路运行，检查接线和微机变电器保护装置中的参数设定)。记录保护装置动作时的数据于表 5 - 20 中。

表 5 - 20　变压器过电流保护实训记录

变压器分接头	现　象
0%处	

⑥ 按微机变压器保护装置面板上的"复归"键,选择"是"后再按"确认"键复归保护信息。

2) 过负荷保护实训步骤

① 按照过负荷保护的要求,完成微机变压器保护装置的接线。

② 依次合上 QS111、QS112、QF11、QS113、QF13、QS211、QF21、QF20 给变压器至 10 kV I 段母线供电。接着按"确定"键进入实训控制柜上的"变压器后备保护测控装置"主菜单栏,选择"保护定值"菜单,设定"一次电压比例系数"为 35、"一次电流比例系数"为 1、"过负荷定值"为 1.6 A、"过负荷延时"为 9 s。然后切换到"保护投退"中把"过负荷告警"投入,将其他保护功能都退出,保存设置。

③ 依次合上 QS212、QS213、QF23、QS214、QF24、QS222、QF25、QS223、QF26、QS224、QF27、QF28,起动电动机模拟过负荷,注意观察保护装置是否告警,把结果填入表 5 - 21 中。

④ 切除负荷,将"过负荷定值"设置为 2.2 A,重复步骤③。

表 5 - 21　变压器过负荷保护实训记录

过负荷整定值/A	是否有告警信号
1.6	
2.2	

5.2.5　电动机保护实训

1. 实训目的

① 掌握电动机变频器的常规操作。

② 掌握电动机保护装置二次接线的技能。

③ 了解电动机速断保护和反时限过电流保护的原理。

2. 变频器操作实训

从理论上可知,电动机转速 n 和电源频率 f 有如下关系:

$$n = \frac{2 \times 60 f}{q}(1 - s) \qquad (5-1)$$

其中,q 为电动机极数,s 为转差率。

由式(5-1)可知,电动机转速 n 与电源频率 f 成正比。如果不改变电动机的极数,则只要改变电源频率即可改变电动机的转速。当电源频率 f 在 0~50 Hz 变化时,电动机转速调节范围非常宽。变频器就是通过改变电动机电源频率实现速度调节的,这是一种理想的高效率、高性能的调速手段。

给使用的电动机装置安装速度检出器(PG),将实际转速反馈给控制装置进行控制的,称为"闭环";不用速度检出器运转的就称为"开环"。通用变频器多为开环方式。

(1) 变频器简介

1) 面板说明

某变频器面板如图 5-24 所示,其各部分功能如下:

① "编程/功能切换"键:切换变频器状态、设定参数(设定频率、输出电流、正/反转、物理量等)。

② "资料确认"键:修改参数后按此键可将设定资料输入。

③ "频率设定"按钮:可设定此按钮作为主频率输入。

④ 显示区:显示输出频率、电流、各参数设定值及异常内容。

⑤ LED 指示区:显示变频器运行的状态。

⑥ "运转指令"键:起动/运行。

⑦ "停止/重置"键:停止运行或异常中断后可复归。

⑧ "上/下"键:选择参数、修改资料等。

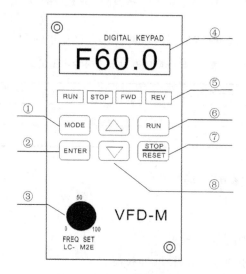

图 5-24　某变频器面板

2) 指示灯状态说明

某变频器指示灯状态说明如图 5-25 所示。

3) 常用操作说明

某变频器的常用操作说明如图 5-26 所示。

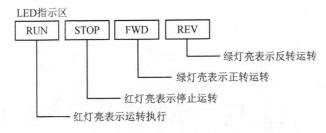

图 5－25 某变频器指示灯状态说明

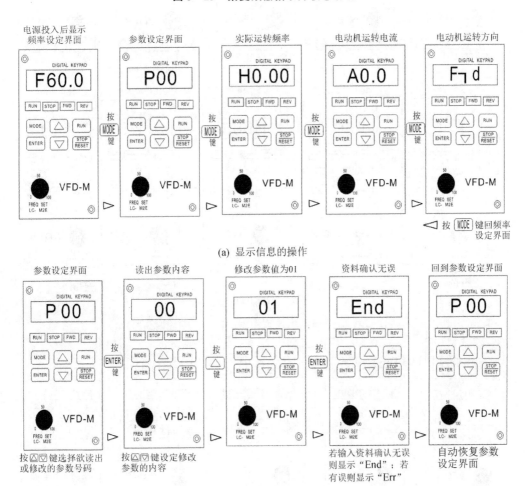

(a) 显示信息的操作

(b) 参数设定的操作

图 5－26 某变频器的常用操作说明

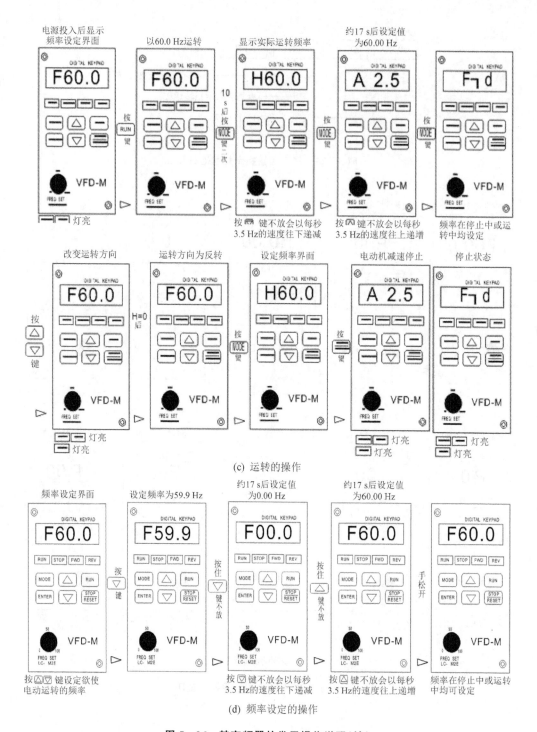

(c) 运转的操作

(d) 频率设定的操作

图 5－26　某变频器的常用操作说明(续)

（2）变频器操作实训内容及步骤

①　按照正确顺序起动实训装置：依次合上实训控制柜上的"总电源""控制电源Ⅰ"开关和实训控制屏上的"控制电源Ⅱ"、"进线电源"开关；依次合上 QS121、QS122、QF12、QS123、QF14、QS221、QF22、QS223、QF26，在实训控制柜上把"电动机起动方式"选择开关拨至"变频"位置，接着按下"电动机启停控制"处的"起动"按钮。

②　此时变频器通电，按下"MODE"键使显示区切换到"P00"界面，然后再按"EN-TER"键进入定值界面。在定值设置界面操作"▼""▲"键来修改定值，把定值改为"00"，定值改好后按"ENTER"键确认，显示区显示"End"表明设置修改成功，显示区显示"Err"表明输入资料有误，应重新修改。

③　通过"MODE"键将变频器上的显示区切换到"H0.00"界面，按下变频器操作面板上的"RUN"键，这时可以看到变频器显示区显示变化的频率，当变频器显示区显示的频率达到 50 Hz 时，电动机起动完成。

④　按下变频器操作面板上的"STOP/RESET"键，等待电动机停止转动。

⑤　把"P00"改设为"4"，即运行频率由选择电位器给定。

⑥　通过"MODE"键将变频器上的显示区切换到"H0.00"界面，按下变频器操作面板上"RUN"键，手动旋动面板上的电位器（黑色旋钮），增加频率到 50 Hz。在这个过程中可以看到：随着给定频率的加大，电动机的转速升高，当给定频率达到 50 Hz 时就完成了电动机组的起动过程。

⑦　当完成实训操作时，按下变频器操作面板上的"STOP"键，当电动机停止转动时再按下"电动机启停控制"处的"停止"按钮。

注意：变频器的参数只有在"STOP"状态下才能修改和保存。

3. 电动机起动方式实训

实训系统采用三相鼠笼式异步电动机，设置有全压直接起动和变频器起动两种起动方式。一台鼠笼式异步电动机能否直接起动，主要看电网容量的大小。通常规定：若用电单位有单独的变压器供电，而电动机又不频繁起动，则当电动机的容量不超过供电变压器容量的 30% 时，允许电动机直接起动。如果电网中有照明负载，则允许直接起动的电动机容量应以保证电动机起动时电网电压下降不超过 5% 为原则。另一种起动方式为变频器起动，变频器通过改变供电电源的频率，能够获得很宽的调速范围、很好的调速平滑性和有足够硬度的机械特性，同时可以降低电动机的起动电流，保证起动过程的平稳。

下面通过实训来比较一下两种起动方式下电动机从起动到稳定运行过程中电流的变化情况，步骤如下：

①　按照正确顺序起动实训装置：依次合上实训控制柜上的"总电源""控制电源Ⅰ"开关和实训控制屏上的"控制电源Ⅱ""进线电源"开关；依次合上 QS121、QS122、QF12、QS123、QF14、QS221、QF22、QS223、QF26，在实训控制柜上把"电动机起动方式"选择开关拨至"直接"位置，接着按下"电动机启停控制"处的"起动"按钮。利用多用表测量电动机从起动到稳定运行过程中电流的变化情况，并记录在表 5 - 22 中。

② 按下"电动机启停控制"处的"停止"按钮使电动机停止运行,待电动机停车后把"电动机起动方式"选择开关拨至"变频"位置,接着按下"电动机启停控制"处的"起动"按钮。

③ 参照表 5-23 所列设置变频器参数,在设置完参数后,按下变频器操作面板上的"RUN"键,利用多用表测量电动机从起动到稳定运行过程中电流的变化情况,并记录在表 5-22 中。

表 5-22 电动机电流变化情况记录

电动机起动方式	三相电流的变化情况
直接起动	
变频器起动	

表 5-23 变频器参数设置

序 号	参数代码	设定值
1	P00	00
2	P10	10.0
3	P11	10.0
4	P01	00

4. 微机电动机保护装置实训

对于 3~10 kV 的高压异步电动机,当容量低于 2 000 kW 时,其保护主要有速断保护和反时限过电流保护等。工程中可利用微机电动机保护装置对电动机进行保护,该装置具备中等容量以上三相异步电动机的全套保护功能。该装置可监测并显示正常运行情况下电动机的运行参数,也可在故障后显示故障种类、参数,并记录故障过程中的最大故障量,供事后调出分析故障用。

(1) 高压电动机的速断保护实训

相间短路会导致电动机严重损坏,并造成电网电压严重下降,影响其他用电设备的正常工作。因此,对电动机的定子绕组及其引出线的相间短路应装设相应的保护装置。规程规定:对于 3~10 kV 的高压异步电动机,当容量低于 2 000 kW 时,应装设电流速断保护装置,保护装置宜采用两相式接线。

速断保护装置反应电流的最大值,按照起动电流的最大值设定,从而可有效地躲过电动机的起动电流,对电动机运行的全过程提供可靠而灵敏的保护。当任一相达到整定值,且过电流Ⅰ段保护的投退控制字处于投入状态时,定时器起动,若持续到整定时限,则立即跳闸。电流速断保护的整定原则:电流速断整定值按照最大起动电流一般可取为电动机起动电流的 1.2 倍,或者按照额定二次电流的 6~8 倍整定;对于小功率的电动机,电流整定倍数可以相对小些。

高压电动机的速断保护实训内容与步骤如下:

① 对照图 5-27 及表 5-24 完成微机电动机保护装置的接线。

② 按照正确顺序起动实训装置:依次合上实训控制柜上的"总电源""控制电源Ⅰ"开关和实训控制屏上的"控制电源Ⅱ""进线电源"开关;按"确定"键进入"电动机保护测控装置"主菜单栏,选择"保护定值"菜单,设定"一次电压比例系数"为 10、"一次电流比例系数"为 3.5、"过电流Ⅰ段定值"为 2.0 A(按额定二次电流的 4~5 倍整定)、"过电流Ⅰ段延时"为 1 s、"电动机起动时间"为 1.5 s;切换到"保护投退"中把"过电流Ⅰ

段"投入,将其他保护功能都退出,保存设置。

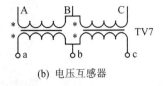

微机电动机保护装置接线端子						
相电压	UA	A1	○	○	A2	UB	相电压
相电压	UC	A3	○	○	A4	UN	电压中性线
零序电压	$3U_0$	A5	○	○	A6	$3U_0'$	零序电压
		A7	○	○	A8		
		A9	○	○	A10		
保护CT	IA*	A11	○	○	A12	IA	
保护CT	IB*	A13	○	○	A14	IB	
保护CT	IC*	A15	○	○	A16	IC	
测量CT	Ia*	A19	○	○	A20	Ia	
测量CT	Ib*	A21	○	○	A22	Ic	

(a) 微机电动机保护装置

(b) 电压互感器

(c) 电流互感器

微机电动机控制回路		
QF26合闸信号	HX26	○
QF26跳闸信号	TX26	○

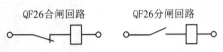

(d) 控制回路

图 5 - 27　接线端子

表 5 - 24　接线端子连接对照

互感器接线端子		微机电动机保护装置接线端子	互感器接线端子		微机电动机保护装置接线端子
电压互感器 TV7	a	UA	电流互感器 TA45	Iam *	IA *
	b	UB		Iam	IA
	c	UC		Ibm *	IB *
				Ibm	IB
				Icm *	IC *
				Icm	IC

③ 依次合上 QS121、QS122、QF12、QS123、QF14、QS221、QF22、QS223、QF26,在实训控制柜上把"电动机起动方式"选择开关拨至"直接"位置,接着合上"电动机启停控制"处的"起动"按钮。打开励磁电源开关,调节旋钮使发电机的电压达到 150 V 左右,然后把"电动机负载投退方式"开关拨至"满载"位置,这时异步电机将拖动三相同步发电机带负荷运行。

④ 打开数字式电秒表(见图 5 - 28)的电源开关,把"时间测量选择"拨至"电动机保护",工作方式选择为"连续"。模拟电动机进线处的三相短路故障,按下短路故障设置按钮"d2",时间继电器保持出厂设置。观察电动机运行并记录电秒表时间值,同微机电动机保护装置中的时间设定值比较,核对断路器动作时间是否正确,记录于表 5 - 25 中。

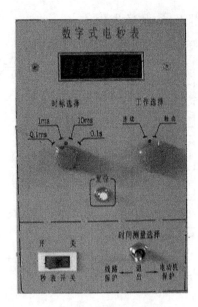

图 5 - 28　数字式电秒表

表 5 - 25　高压电动机的速断保护实训数据记录

过电流Ⅰ段保护	动作电流/A	延时时间/s
保护整定值		
保护动作值		

（2）高压电动机的反时限过电流保护实训

一般采用感应型电流继电器（如 GL - 14 型）等瞬动元器件作为相间短路保护装置，作用于跳闸，其反时限部分作为过负荷保护装置，延时作用于信号、减负荷或跳闸。根据国际电工委员会标准（IEC60255 - 4）的规定，微机电动机保护装置采用其标准反时限特性方程中的极端反时限特性方程（extreme IDMT）：

$$t = \frac{80}{(I/I_p)^2 - 1} t_p$$

其中，I_p 为电流基准值，取过电流Ⅱ段定值；t_p 为时间常数，取过电流Ⅱ段时间定值。

过电流Ⅱ段保护，又称堵转保护，在电动机起动完毕后自动投入。该保护可根据起动电流或堵转电流整定，主要对电动机起动时间过长和运行中堵转提供保护。在超过电动机起动时间后，当任一相达到整定值，且过电流Ⅱ段保护的投退控制字处于投入状态时，定时器起动，若持续到整定时限，则立即跳闸。

高压电动机的反时限过电流保护实训内容与步骤如下：

① 完成微机电动机保护装置的接线（与高压电动机的速断保护实训的接线相同）。

② 按照正确顺序起动实训装置：依次合上实训控制柜上的"总电源""控制电源Ⅰ"开关和实训控制屏上的"控制电源Ⅱ""进线电源"开关；按"确定"键进入实训控制柜

上的"电动机保护测控装置"主菜单栏,选择"保护定值"菜单,设定"一次电压比例系数"为 10、"一次电流比例系数"为 3.5、"过电流 Ⅱ 段定值"为 2 A(按额定二次电流的 4~5 倍整定)、"过电流 Ⅱ 段延时"为 1 s、"电动机起动时间"1.5 s、"反时限过电流定值"为 0.8 A、"反时限过电流延时"为 0.2 s;切换到"保护投退"中把"过电流 Ⅱ 段"和"过电流 Ⅱ 段反时限"投入,将其他保护功能都退出,保存设置。

③ 依次合上 QS121、QS122、QF12、QS123、QF14、QS221、QF22、QS223、QF26,在实训控制柜上把"电动机起动方式"选择开关拨至"直接"位置,接着合上"电动机启停控制"处的"起动"按钮。打开励磁电源开关,调节旋钮使发电机的电压达到 150 V 左右,然后把"发电机负载投退"开关拨至"满载"位置,这时异步电机将拖动三相同步发电机带负荷满载运行。

④ 打开数字式电秒表的电源开关,把"时间测量选择"拨至"电动机保护",工作方式选择为"连续"。模拟电动机进线处的三相短路故障,按下短路故障设置按钮"d2",时间继电器保持出厂设置。根据表 5-26 设置不同的反时限电流整定值,观察断路器动作时间并记录于表 5-26 中。

⑤ 在微机电动机保护装置动作跳开断路器后,要先把电动机起动退出,然后释放短路故障设置按钮"d2",复归装置故障信号,合上断路器 QF26,为下次实训做准备。

表 5-26　高压电动机的反时限过电流保护实训数据记录

序　号	反时限电流整定值/A	动作时间/s
1	0.8	
2	1.0	
3	1.2	
4	1.6	
5	2.0	

5.2.6　线路保护实训

1. 实训目的

① 理解电力系统运行的三种方式。

② 理解电力线路的三段式电流保护和自动重合闸励速保护。

③ 掌握微机线路保护装置的基本操作。

2. 电力系统运行方式实训

输电线路长短、电压等级、电网结构等都会影响电网等值参数。在实际中,由于不同时刻投入电力系统的发电机和变压器数量会发生改变,以及存在高压线路检修等情况,因此电网等值参数也在发生变化。在继电保护中规定:通过保护装置的短路电流最大的运行方式称为系统最大运行方式,此时系统阻抗最小。反之,流过保护装置的短路电流最小的运行方式称为系统最小运行方式,此时系统阻抗最大。由此可见,可将电力系统等效成一个电压源,最大、最小运行方式是它在两个极端阻抗参数下的工况。

电力系统运行方式实训内容及步骤:

① 按照正确顺序起动实训装置:依次合上实训控制柜上的"总电源""控制电源Ⅰ"开关和实训控制屏上的"控制电源Ⅱ""进线电源"开关。

② 设置微机线路保护装置:在"微机线路保护测控装置"主菜单栏中选择"保护定值"菜单,设定"一次电压比例系数"为10,"一次电流比例系数"为3.5,把装置中的所有保护退出,按"取消"键回到自动循环显示界面。

③ 把"XL-2故障点位置"凸轮开关置于"末端",合上 QS121、QS122、QF12、QS123、QF14、QS221、QF22、QS224、QF27、QF28 给输电线路供电。按下"d4"按钮来模拟三相短路,改变运行方式,读取微机线路保护装置在不同运行方式下的电流、电压值(取 AB 相电压、A 相电流),并记录于表 5-27 中。

表 5-27　电力系统运行方式实训数据记录

运行方式	U_{AB}/kv	I_A/A
最大运行方式		
正常运行方式		
最小运行方式		

④ 实训数据记录完后,复归短路按钮"d4",按照倒闸操作顺序进行断电。

3. 微机线路保护实训

(1) 三段式电流保护和自动重合闸后加速保护

输电线路的短路故障可分为两大类:接地故障和相间故障。在三相系统中可能发生三相短路、两相短路、单相接地短路和两相接地短路。三相短路是指三相电路每两相间发生短路。两相短路是指三相电路中其中两相发生短路。单相接地短路是指三相电路中其中一相与大地发生短路。两相接地短路是指中性点不接地系统中两个不同相均发生单相接地而形成的两相短路。在电力系统中发生单相接地短路的概率最大,而发生三相短路的可能性最小,但是从用户方面来说,一般是三相短路电流最大,造成的危害也最严重。为了使电力系统的电气设备在最严重的短路状态下也能可靠地工作,在选择和校验电气设备的短路计算中,常以三相短路电流计算为主。鉴于此,在接下来的实训中以三相短路的模拟为主。

对于线路中的短路故障,三段式电流保护是常用的线路保护方法之一,包括无时限电流速断保护、限时电流速断保护和定时限过电流保护。

当电网的不同地点发生相间短路时,线路中通过的电流大小是不同的,短路点离电源愈远,短路电流就愈小。此外,短路电流的大小还与系统的运行方式和短路种类有关。

1) 无时限电流速断保护

如图 5-29 所示,曲线①表示在最大运行方式下,不同地点发生三相短路的短路电流变化曲线;曲线②表示在最小运行方式下,不同地点发生两相短路的短路电流变化曲线。如果将保护装置中电流起动元件的动作电流 I_{op} 整定为在最大运行方式下,当线路首端 L_{min3} 处发生三相短路时通过保护装置的电流,那么在该处以前发生短路,短路电流会大于该动作电流,保护装置就能起动。对于在该处以后发生的短路,因短路电流小于保护装置的动作电流,故它不起动。因此,L_{min3} 就是当在最大运行方式下发生三相短路时,无时限电流速断保护的保护范围。从图 5 - 29 可见,当在最小运行方式下发生两相短路时,保护范围为 L_{min2},它比 L_{max3} 小。

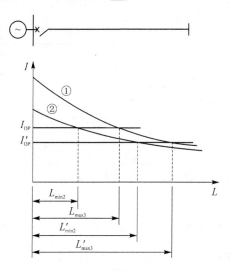

图 5 - 29　无时限电流速断保护的保护范围

如果将保护装置的动作电流减小,整定为 I'_{op},从图 5 - 29 可见,无时限电流速断保护的保护范围增大。当在最大运行方式下发生三相短路时,保护范围为 L'_{max3};当在最小运行方式下发生两相短路时,保护范围为 L'_{min2}。由以上分析可知,电流速断保护装置是根据短路时通过它的电流来选择动作电流的,以动作电流的大小来控制保护范围。

2) 限时电流速断保护

由于无时限电流速断保护的保护范围只是线路的一部分,因此为了保护线路的其余部分,往往需要再增设一套限时电流速断保护。为了保证时限的选择性,限时电流速断保护装置的动作时限和动作电流都必须与相邻元件保护装置的无时限相配合。在图 5 - 30 所示的电网中,如果线路 L2 和变压器 B1 都装有无时限电流速断保护装置,那么线路 L1 上的限时电流速断保护装置的动作时限 t_A^{II} 应该选择得比无时限电流速断保护装置的动作时限 t_A^{I}(约 0.1 s6)大 Δt,即 $t_A^{II} = t_A^{I} + \Delta t$。它的保护范围允许延伸到 L2 和 B1 的无时限电流速断保护的保护范围内。如果在这段范围内发生短路,L2 和 B1 的无时限电流速断保护装置会立即动作于跳闸,在跳闸前,L1 的限时电流速断保护装置虽然会起动,但由于它的动作时限比无时限电流速断保护装置的大 Δt,所以它不会无选择性动作使 L1 的断路器跳闸。同时,如果 L2 或 B1 上的保护装置损坏,L1 上的限时电流速断保护装置就会动作,保证线路的可靠运行。

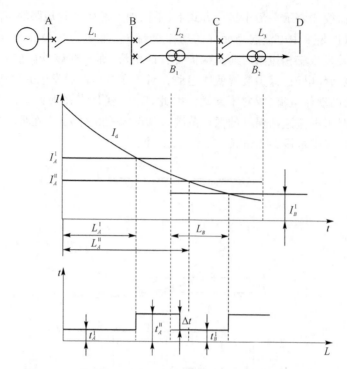

图 5-30 限时电流速断保护与无时限电流速断保护相配合

3）定时限过电流保护

在图 5-31 所示的单侧电源辐射形电网中，当 d_3 处发生短路时，电源送出短路电流至 d_3 处。保护装置 1,2,3 中通过的电流都超过正常值，但是根据电网运行的要求，只希望装置 3 动作，使断路器 QF3 跳闸，切除故障线路。为了达到这一要求，应该使保护装置 1,2,3 的动作时限 t_1、t_2、t_3 满足条件 $t_1 > t_2 > t_3$。

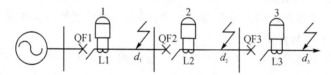

图 5-31 单侧电源辐射形电网中过电流保护装置的配置

为了保证保护的选择性，电网中各个定时限过电流保护装置必须具有适当的动作时限。离电源最远的元件的保护动作时限最小，以后的各个元件的保护动作时限逐级递增，相邻两个元件的保护动作时限相差一个时间阶段 Δt。这种选择动作时限的原则称为阶梯原则。Δt 的大小决定于断路器和保护装置的性能，一般 Δt 取 0.5 s。

4）自动重合闸后加速保护

自动重合闸后加速保护是指当线路上发生故障时，首先继电保护装置动作，有选择性地动作于断路器使它跳闸；然后自动重合闸装置动作将断路器合闸，同时自动重合闸装置动作将过电流保护的时限解除。这样，当断路器合闸于永久性故障线路时，继电保护装置将无时限地作用于断路器跳闸。但如果是瞬时性故障,则自动重合闸后故障会消失,此时电力系统继续运行,增加了供电可靠性,同时也减轻了运维人员的工作量。

(2) 微机线路保护实训内容及步骤

① 按照正确顺序起动实训装置:依次合上实训控制柜上的"总电源""控制电源Ⅰ"开关和实训控制屏上的"控制电源Ⅱ""进线电源"开关;依次合上实训控制屏上的QS121、QS122、QF12、QS123、QF14、QS221、QF22、QS224、QF27、QF28 给输电线路供电。

② 设置"微机线路保护测控装置":按下"确认"键,进入主菜单。选择"保护投退",再次按下"确认"键,进入"保护投退"菜单,通过"▲""▼"键选择"过电流Ⅰ段",通过"＋""－"键改变设置,选择"投入"。同理,将"电流Ⅱ段延时"设为 0.5 s,把"过电流Ⅱ段"保护功能投入,将"电流Ⅲ段延时"为 1 s,把"过电流Ⅲ段"保护功能投入。通过"▲""▼"键可选择其他投退项目,保证其他保护项目都处于退出状态。最后按"确认"键来保存这些设置,按微机线路保护装置面板上的"取消"键返回主菜单栏,选择"保护定值",按"确定"键进入后通过"▲""▼"键选择"电流Ⅰ段定值",通过"▶""◀"键选择要改变的位,通过"＋""－"键改变定值各位数字的值,在此把"电流Ⅰ段定值"设为 2.2 A、"电流Ⅱ段定值"设为 1.25 A、"电流Ⅲ段定值"设为 0.5 A,编辑完成后按"确认"键。

③ 打开数字式电秒表的电源开关,把"时间测量选择"拨至"线路保护",工作方式选择为"连续",按下数字式电秒表面板上的"复位"按钮,清除电秒表数值。

④ 将运行方式设置为正常,在 XL-1 段进行三相短路模拟。将短路点位置分别设在 WL-1 的 50％处和末端,按下"d3"按钮来模拟线路故障,分别记录装置动作时的信息于表 5-28 中。在设置下一次故障之前复归"d3"按钮,按下"复归"键复归微机线路保护装置的故障,并按下数字式电秒表的"复位"按钮,清除电秒表数值。

表 5-28　微机线路保护实训数据记录

短路点位置	装置动作信息(哪一段动作)	动作电流及动作时间
XL-1 的 50％处		
XL-1 的末端		
XL-2 的首端		
XL-2 的末端		

⑤ 将运行方式设置为正常,在 XL-2 段进行三相短路模拟。将短路点位置分别设在 WL-2 的首端和末端,按下"d4"按钮来模拟线路故障,分别记录装置动作时的信息于表 5-28 中。在装置动作后,及时复归"d4"按钮。在记录完数据后,按下"复归"键复归微机线路保护装置的故障,并按下数字式电秒表的"复位"按钮,清除电秒表数值。

⑥ 设置"微机线路保护测控装置":把"过电流后加速""重合闸""重合闸检无压"等功能投入,将"重合闸延时"设为 0.5 s、"过电流加速延时"设为 0.0 s,保存设置。

⑦ 在 XL－2 段线路的末端进行三相短路模拟,不加任何干预,观察液晶显示屏显示的变化信息,记录断路器 QF27 动作情况于表 5－29 中。

⑧ 按微机线路保护装置面板上的"复归"键,选择"是"后再按"确认"键复归保护信息。

⑨ 在 XL－2 段线路的末端进行三相短路模拟,在断路器 QF27 跳闸后立即解除短路故障按钮"d4",即模拟故障消除,观察液晶显示屏显示的变化信息,记录断路器 QF27 动作情况于表 5－29 中。

表 5－29　重合闸实训数据记录

故障类型	位置	断路器 QF27 动作过程
永久性故障	XL－2 段末端	
瞬时性故障	XL－2 段末端	

5.2.7　无功补偿装置实训

1. 实训目的

① 理解无功补偿装置的原理。

② 了解无功补偿装置的自动补偿功能。

③ 掌握无功补偿装置的操作方法。

2. 实训内容与步骤

① 按照正确顺序起动实训装置:依次合上实训控制柜上的"总电源""控制电源Ⅰ"开关和实训控制屏上的"控制电源Ⅱ""进线电源"开关。将微机变压器后备保护装置的保护功能都退出,把"备自投工作方式"打到"手动"位置,将无功补偿装置的凸轮开关拨至"停"位置。依次合上 QS111、QS112、QF11、QS113、QF13、QS211、QF21、QF20、QS212、QS213、QF23、QS214、QF24、QS222、QF25,把主回路的电能送到 10 kV 母线上(注意:要把本线路不用的电流互感器二次侧短接)。按功率因数控制器面板上的"MODE"键,切换到装置液晶显示屏显示"设置"状态,参照表 5－30 设定参数。

② 顺时针旋转凸轮开关于"手动""2""3""4"位置,并按"MODE"键切换到装置液晶显示屏显示"自动"状态。按"＋"键可切换显示"功率因数"、"电压 U"和"电流 I",记录凸轮开关拨至不同位置的电压、电流值于表 5－31 中。(注意:在投入与退出四组电容器过程中操作都不要过快,要把本线路不用的电流互感器二次侧短接。)

表 5－30　无功补偿装置参数设定

参数名称	设定值
投入门限	0.90
DELEY 投切限时	5 s
过电压门限	440 V
OUTPUT 输出路数	4

表 5 - 31　手动模式实训数据记录

运行状态	电压/V	电流/A
初始状态		
手动投入第一组电容器 C1		
手动投入第二组电容器 C2		
手动投入第三组电容器 C3		
手动投入第四组电容器 C4		

③ 逆时针旋转凸轮开关到"停"(不要过快),依次切除电容器组,记录电容器组切除顺序于表 5 - 32 中。

表 5 - 32　不同模式下的电容器组切除顺序

模　式	电容器组切除顺序
手动模式	
无功补偿装置手动模式	

④ 把无功补偿装置的凸轮开关拨至"自动"位置,按"＋"或者"－"键切换到"功率因数"项,按"MODE"键切换到装置液晶显示屏显示"手动"状态。按"＋"键投入电容器组,按"－"键切除电容器组,直到第四组电容器被切除后,等待 5 min(从第一组电容器开始),再按"＋"键投入电容器组,记录当每增加一组电容器时功率因数的变化于表 5 - 32 中。(注意:"手动"状态切换到"自动"状态或进行下一轮手动操作时,按照国家电力行业标准需延时 5 min,来延长电容器的使用寿命。)

⑤ 在第四组电容器投入之后,按"－"键切除电容器组,记录电容器组的切除顺序于表 5 - 33 中。

表 5 - 33　无功补偿装置手动模式实训数据记录

运行状态	功率因数
初始状态	
投入第一组电容器 C1	
再投入第二组电容器 C2	
再投入第三组电容器 C3	
再投入第四组电容器 C4	

⑥ 按功率因数控制器面板上的"MODE"键,让自动补偿装置的液晶显示屏显示"自动"状态。为一、二号车间供电,观察功率因数的变化和电容器组的投退情况,并记录于表 5 - 34 中;为三号车间供电,观察功率因数的变化和电容器组的投退情况,并记录于表 5 - 34 中;为三号车间断电,观察功率因数的变化和电容器的投退情况;重新为三号车间供电,观察功率因数的变化和电容器组的投退情况,并记录于表 5 - 34 中。

表 5 - 34　无功补偿装置自动模式实训数据记录

负载状态	功率因数	电容器组投退情况
一、二号车间供电		
三号车间供电		
三号车间断电		
三号车间再供电		

5.2.8　系统监控实训

1. 实训目的

熟悉变电站的系统监控,掌握系统监控中"四遥"的操作。

2. 原理说明

早期的电力系统调度主要依靠调度中心和各厂站之间的联系电话,信息传递的速度慢,且调度员对信息的汇总、分析费时。这种调度手段与电力系统中正常工作的快速性和出现故障的瞬时性相比,调度实时性差。

随着远动技术和通信技术的发展,计算机与相应的远动装置及通信设备组成用于完成电力系统运行状态的监视(包括信息的收集、处理和显示)、远距离开关操作、自动发电控制及经济运行,以及制表和统计功能的系统,一般称为数据采集与监控系统(supervisory control and data acquisition,SCADA)。调度员可根据这些信息迅速掌握电力系统的运行状态,及时发现和处理事故。图 5 - 32 为某变电站与调度中心的连接,调度中心通过通信线路对变电站进行监视、控制等。

远程终端(remote terminal unit)就是电网监视和控制系统中安装在发电厂或变电站的一种远动装置,简称 RTU。远程终端与主站配合可以实现"四遥"功能:遥测,采集并传送电力系统运行的实时参数;遥信,采集并传送电力系统中继电保护装置的动作信息、断路器的状态信息等;遥控,从调度中心发出改变运行设备状态的命令;遥调,从调度中心发出命令实现远方调整发电厂或变电站的运行参数。本系统可完成的"四遥"功能如表 5 - 35 所列。

表 5 - 35　"四遥"功能

远动类型	信息名称	远动类型	信息名称
遥　测	进线线路总有功、无功电能	遥　信	隔离开关的位置信号
	线路有功、无功功率		断路器分、合闸状态
	三个电压等级的母线电压		变压器分接头位置
	变压器有功、无功功率		无功补偿电容器组投入状态
	频率		微机保护装置的动作信息
	功率因数		备用电源自动投入装置的动作信息

远动类型	信息名称	远动类型	信息名称
遥 调	微机保护装置的定值下置	遥 控	断路器分、合闸
	无功补偿电容器组选择		
	变压器分接头位置选择		

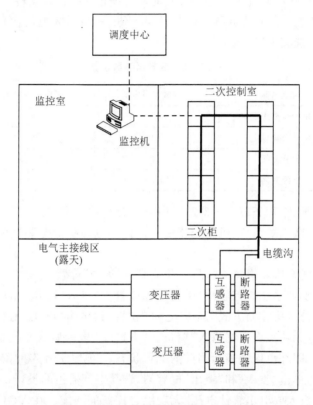

图 5 - 32　某变电站与调度中心的连接

3. "四遥"实训内容及步骤

① 依次合上实训控制柜上的"总电源""控制电源Ⅰ"开关和实训控制屏上的"控制电源Ⅱ""进线电源"开关。

② 检查实训控制屏面板上的隔离开关 QS111、QS112、QS113、QS121、QS122、QS123、QS211、QS212、QS213、QS214、QS221、QS222 是否处于合闸状态,对于未处于合闸状态的,手动将它们合闸,为输电线路的送电做好准备。在上位机上打开"TH-SPCG-2 工厂供电综合自动化实训系统监控软件"。

③ 遥控:把"备自投工作方式"拨至"远动"位置。通过操作"变电站电气主接线图"的断路器分、合闸进行电能分配及负荷的投切。(注意:断路器 QF11 与 QF12 分别互锁,即 QF11 与 QF12 不能同时处于合闸状态。断路器 QF21、QF22、QF20 的分合关系为:当 QF21、QF22 处于合闸状态时,QF20 不能合;当 QF21、QF20 处于合闸状态

时,QF22 不能合闸;当 QF22、QF20 处于合闸状态时,QF21 不能合闸。当遥控 QF27 时,线路保护装置的"重合闸不检条件"要投上,否则合不上闸。)

④ 通过操作"变频器管理"进行电动机组实训。起动电动机,重新打开"THSPCG -2 工厂供电综合自动化实训系统监控软件"。单击"变频器管理"控件,进入"变频器管理"界面(如果不能进入,则是因为没有通信上,需重新通信)。参照表 5-36 设置变频器参数,然后单击"变频器管理"界面上的"起动""停止""正转""反转",观察右柜电动机组的运行状态(注意:在电动机停止状态下,电动机正、反转才能切换)。操作完后在界面右下角单击"快选菜单"返回主界面。

表 5-36　变频器参数设置

信息名称	改变频率设定值	正反转设定值
频率指令来源设定	03	00
信号来源设定	00	03
上升时间	10.0 s	10.0 s
下降时间	10.0 s	10.0 s

⑤ 遥调 1:通过"THSPCG-2 工厂供电综合自动化实训系统监控软件"中的"保护管理"远方修改微机线路、微机变压器后备保护和电动机保护装置的整定值(保护投退和保护定值)。

⑥ 遥调 2:把无功补偿装置的凸轮开关拨到"远动"位置,单击"THSPCG-2 工厂供电综合自动化实训系统监控软件"中的"VQC 管理"进入"电压/无功综合控制设定"窗口,单击"改变分接头控制方式"选择"远动"位置,再单击"电压/无功综合控制投入"控件,进入"电压/无功综合控制投入"窗口。"九区法"坐标显示变电站电压/功率因数的运行状态变化,闪红色区域表示当前的运行状态。单击"升压"和"降压"按钮,选择变压器分接头位置;单击"投入"和"退出"电容器,选择电容器组的投切;单击"VQC 投入"和"VQC 退出",投入或退出软件电压/无功综合控制的功能。在 VQC 功能投入前,保证"变压器分接头控制方式"和"补偿电容器组控制方式"都在"远动"位置。单击"返回设定页"按钮,切换到"电压/无功综合控制设定"窗口。

⑦ 遥测:随着遥控操作和遥调操作的进行,可以在上位机软件上监测到工厂各个车间的负荷变化曲线和电能曲线。

⑧ 遥信:实时观察变电站、线路上各断路器和隔离开关的分、合闸状态,以及继电保护装置、备用电源自动投入装置动作信息。

参考文献

［1］刘介才.供配电技术［M］.3 版.北京：机械 T 业出版社,2012.

［2］李友文.工厂供电［M］.2 版.北京：化学工业出版社,2006.

［3］张静.工厂供配电技术：项目化教程［M］.北京：化学工业出版社,2013.

［4］戴绍基.建筑供配电技术［M］.北京：机械工业出版社,2003.

［5］唐志平,魏胜宏,杨卫东,等.工厂供配电［M］.北京：电子工业出版社,2006.

［6］孙琴梅.工厂供配电技术［M］.北京：化学工业出版社,2006.

［7］杨贵恒,常思浩.电气工程师手册：供配电［M］.北京：化学工业出版社,2014.

［8］王志国.供配电系统的运行与维护［M］.北京：北京理工大学出版社,2017.

［9］君兰工作室.图解电工基础［M］.北京：科学出版社,2018.

［10］张振文.电工电路识图、布线、接线与维修［M］.北京：化学工业出版社,2018.